浙江省普通高校"十三五"新形态教材

真空获得设备及应用

主　编　张　莉

副主编　张永炬

参　编　陈子云　张志军

机械工业出版社

本书介绍了真空工程中使用的各类真空泵的工作原理、结构特点、主要参数及应用设计案例。第1章介绍了真空及真空获得设备、大气压力、真空度、真空区域划分及真空应用等内容；第2章系统介绍了泵与真空泵的基础知识；第3章至第9章分别介绍了罗茨真空泵、螺杆真空泵、液环真空泵、旋片真空泵、滑阀真空泵、低温真空泵、分子真空泵的工作原理和结构性能特点等；第10章和第11章分别介绍了真空系统和真空设备。

本书为"新形态"教材，扫描书中二维码可查看相应动图，内容应用性强。

本书可作为普通本科高校和职业院校相关专业的教材，也可供从事真空技术研究、应用的工程技术人员参考。

图书在版编目（CIP）数据

真空获得设备及应用/张莉主编. —北京：机械工业出版社，2022.6（2024.2重印）

浙江省普通高校"十三五"新形态教材

ISBN 978-7-111-70413-3

Ⅰ.①真… Ⅱ.①张… Ⅲ.①真空泵-高等学校-教材 Ⅳ.①TB752

中国版本图书馆 CIP 数据核字（2022）第 047568 号

机械工业出版社（北京市百万庄大街 22 号　邮政编码 100037）
策划编辑：尹法欣　　　　　责任编辑：尹法欣
责任校对：陈　越　李　婷　封面设计：王　旭
责任印制：张　博
北京雁林吉兆印刷有限公司印刷
2024 年 2 月第 1 版第 3 次印刷
169mm×239mm · 11.25 印张 · 212 千字
标准书号：ISBN 978-7-111-70413-3
定价：39.00 元

电话服务　　　　　　　　　网络服务
客服电话：010-88361066　　机　工　官　网：www.cmpbook.com
　　　　　010-88379833　　机　工　官　博：weibo.com/cmp1952
　　　　　010-68326294　　金　书　网：www.golden-book.com
封底无防伪标均为盗版　　　机工教育服务网：www.cmpedu.com

前　言

　　真空获得设备是用以产生、改善、维持真空的装置，直接影响着真空成套装备的性能和质量。真空获得设备已广泛应用到国民经济的许多行业，包括航空航天、冶金、机械、石油化工、医药卫生、轻工食品等。了解真空获得设备的工作原理、主要性能、结构特点、分类及应用方法等，对正确选择高效适用的真空获得设备非常重要。

　　本书系统介绍了真空技术的基础理论、真空获得设备的工作原理和设计方法、真空机组组成、真空系统设计计算和真空应用设备，具体包括概论、泵与真空泵、罗茨真空泵、螺杆真空泵、液环真空泵、旋片真空泵、滑阀真空泵、低温真空泵、分子真空泵、真空系统和真空设备等内容。本书在撰写过程中，力求系统、简明地介绍真空技术和真空获得设备的基本理论、设计原理和方法，具有很强的针对性和实用性。书中还提供了大量图表、企业实物图片以及动图，在此，对帮助本书编写的企业及同行专家学者表示诚挚的感谢。

　　本书为2020年"浙江省新形态教材"项目成果，由张莉任主编，张永炬任副主编，陈子云、张志军参与了编写工作。

　　真空获得设备技术发展快，应用领域广泛，由于编者水平所限，书中难免存在疏漏和不足之处，恳请读者批评指正。

编　者

目　录

第 **1** 章　概论

【学习导引】

　　本章使读者了解真空、气体压力、真空度的概念，熟悉真空区域的划分，了解常见真空应用案例。特别要注意三点：①真空应用离不开真空获得设备；②真空度越高对应的气体压力越低；③无论多好的设备都难以获得绝对真空（即压力为零），极高真空的压力一般小于 10^{-9}Pa。

1.1　真空及真空获得设备

　　真空是指在给定的空间内低于一个大气压力的气体状态，是一种物理现象。在我国国家标准《真空技术 术语》（GB/T 3163—2007）中，真空（vacuum）被定义为"用来描述低于大气压力或大气质量密度的稀薄气体状态或基于该状态环境的通用术语"。

　　真空获得设备（又称真空泵）是指能够从密闭容器中排出气体或者使容器中的气体分子数目不断减少的设备。

　　在真空科学技术中，获得真空的方法主要有两种：一种方法是通过机械运动把气体直接从密闭容器中排除，通过这种方法获得真空的设备通常称为机械真空泵；另一种方法是通过物理、化学等方法使气体分子吸附或冷凝在低温表面上而间接从密闭容器中排除气体，通过这种方法获得真空的设备被称为吸附真空泵或低温真空泵。

1.2　大气压力

　　在自然环境中，地球被空气层所包围。我们通常把包围地球的空气层称为大气层。处于大气层中的任何物体都会受到大气所产生的压力，这种压力称为大气压力。著名的"马德堡半球实验"直观展示了大气压力的存在。最初用于

"马德堡半球实验"的两个黄铜半球至今仍保存于慕尼黑的德意志博物馆中，如图 1-1 所示。

大气压差

图 1-1 "马德堡半球实验"原物件

1 个标准大气压的大小约为 760mm 汞柱产生的压力。人们通常把温度为 0℃、纬度为 45°海平面上的气压称为 1 个大气压，其值为 101325Pa，记为 1atm，即

$$1atm = 101325Pa$$

为了使用计算方便，1atm 也可定义为 100kPa，记为 1bar（1 巴），即

$$1bar = 100kPa$$

除标准大气压（atm）外，大气压力的单位还有 Torr（托）、mbar（毫巴）等，其换算关系见表 1-1，即

$$1bar = 100kPa = 0.1MPa$$

$$1mbar = 10^2Pa$$

$$1MPa = 1000kPa = 10^6Pa$$

$$1Torr = \frac{1}{760}atm$$

1.3 真空度

在真空科学技术中，真空状态下气体的稀薄程度被称为真空度。真空度通常用压力值来表示。压力值越高，真空度越低；压力值越低，真空度越高。

当气体压力 p 高于 100Pa 时，可以用"真空度的百分数（$\delta\%$）"来表示真空压力的大小，即

$$\delta\% = \frac{p_0 - p}{p_0} \times 100\%$$

式中 p_0——大气压力，单位为 Pa。

表 1-1　大气压力单位换算表

单位	Pa	kPa	MPa	psi	mmHg	inHg	mmH$_2$O	inH$_2$O	mbar	bar	Torr	atm
Pa	1	0.001	0.000001	0.00014	0.0075	0.00029	0.10204	0.00401	0.01	0.00001	0.0075	0.0000987
kPa	1000	1	0.001	0.14503	7.500617	0.29528	102.04786	4.01875	10	0.01	7.50061	0.009869
MPa	1000000	1000	1	145.03725	75000.62	295.2874	102047.86	4018.7515	10000	10	7500.617	9.869
psi	6894.78	6.89478	0.00689	1	51.7151	2.03594	703.5976	27.7084	68.9478	0.06894	51.7151	0.06804
mmHg	133.322	0.13332	0.000132	0.01933	1	0.03936	13.60526	0.53578	1.3322	0.00133	1	0.00131
inHg	3386.53	3.38653	0.00338	0.49117	25.4011	1	345.58823	13.60962	33.8653	0.03385	25.40106	0.03342
mmH$_2$O	9.79932	0.00979	0.0000098	0.00142	0.0735	0.00289	1	0.03938	0.09799	0.000098	0.0735	0.0000967
inH$_2$O	248.8335	0.24883	0.0002489	0.03609	1.8664	0.07347	25.39292	1	2.48833	0.00248	1.8664	0.00245
mbar	100	0.1	0.0001	0.0145	0.75006	0.02952	10.20478	0.40187	1	0.001	0.75006	0.00098
bar	100000	100	0.1	14.50372	750.06168	29.52874	10204.7865	401.875515	1000	1	750.06168	0.98692
Torr	133.322	0.13332	0.000132	0.01933	1	0.03936	13.60526	0.53578	1.3322	0.00133	1	0.00131
atm	101325	101.325	0.101325	14.6959	760	29.92	10340	407.2	1013.25	1.01325	760	1

若已知真空度的百分数 $\delta\%$，则可通过下式求出气体压力 p，即

$$p = 1 \times 10^5 \left(1 - \frac{\delta}{100}\right)$$

大气压力与海拔高度有密切关系，即大气压力随高度增加而递减。越靠近地面，大气越浓密，压力越高；越远离地面，大气越稀薄，压力越低。因此，随着海拔高度的上升，大气压力逐渐降低，真空度逐渐变高。

大气压力 p 与海拔高度 h 之间的换算关系如下，即

$$p = 0.999^{\frac{h}{8}} \times 101325$$

式中　p——大气压力，单位为 Pa；

　　　h——海拔高度，单位为 m。

地表以上真空度如图 1-2 所示。

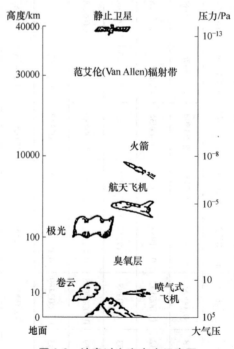

图 1-2　地表以上真空度示意图

1.4　真空区域划分

就目前的认知和科学技术手段而言，完全没有气体的空间状态（即绝对真空）是不存在的。真空区域的划分与真空状态下气体分子的物理特性以及真空

测量仪表的工作范围等真空科学技术的基本原理和发展过程密切相关。目前真空科学技术所能获得的真空度可以达到 10^{-14} Pa。从 10^5 Pa 到 10^{-14} Pa 共有 19 个数量级。在真空科学技术上，通常将不同数量级的真空度划分为不同的区域。国家标准《真空技术 术语》（GB/T 3163—2007）将真空区域划分为四个区域，分别是低（粗）真空、中真空、高真空和超高真空四个真空区域，见表 1-2。

表 1-2　国家标准对真空区域的划分

低（粗）真空	$10^5 \sim 10^2$ Pa
中真空	$10^2 \sim 10^{-1}$ Pa
高真空	$10^{-1} \sim 10^{-6}$ Pa
超高真空	$< 10^{-6}$ Pa

在真空科学技术理论研究中，也有不同于以上四个真空区域的划分，见表 1-3。在这种真空区域划分中，将低（粗）真空细分为粗真空与低真空，将超高真空细分为超高真空与极高真空。

表 1-3　理论研究对真空区域的划分

粗真空	$10^5 \sim 10^3$ Pa
低真空	$10^3 \sim 10^2$ Pa
中真空	$10^2 \sim 10^{-1}$ Pa
高真空	$10^{-1} \sim 10^{-6}$ Pa
超高真空	$10^{-6} \sim 10^{-9}$ Pa
极高真空	$< 10^{-9}$ Pa

1.5　真空应用

1. 真空吸送

真空吸送是利用真空与外界环境间存在压力差所产生的力来吸附物料或输送物料。力的大小与压力差及作用面积有关。真空吸送应用十分广泛。

（1）真空吸污　真空吸尘器、真空吸尘车、真空吸污车（图 1-3）等真空吸污设备可清理各种垃圾废物，尤其是能够清理那些手工或机械不容易清理的空间，比如沟槽、深坑、电梯井、下水道、排污井、水塔等场所。即使是沙石、瓶罐等固体垃圾以及油脂、淤泥等液态垃圾也能被真空吸送设备十分容易地清理干净。

图 1-3 真空吸污车

（2）真空吸吊 真空吸吊装置可吸送各种固体物料、工件以及较大的物体。图 1-4 所示的真空吸吊机主要适用于板料物件的输送。

（3）真空成型 真空成型是利用真空将原料吸附于模具表面进行加工，尤其适用于薄壁零件的成型，如冰箱及洗衣机的各种板件、塑料零件、塑料制品、塑料玩具、石棉瓦等，图 1-5 所示为真空成型塑料用品。真空无模成型即不使用模具，而直接将片材加热到所需温度后，置于夹持环上压紧，通过控制真空度，使片材达到所需的成型深度。这种方法只能改变制件的拉伸程度和外廓形状，不适用外形复杂的制件。此外，真空成型也用于制作盲人书籍（图 1-6）、立体地图、高级陶瓷、混凝土预制件以及复制浮雕和文物等。

真空搬运太阳能电池板

图 1-4 真空吸吊机

2. 真空保鲜

真空保鲜包括真空包装、真空冷冻干燥和真空浸渍等。

图 1-5　真空成型塑料用品

图 1-6　盲文书

（1）真空包装　真空包装就是将食品包装袋内的多余气体抽出，达到一定真空度后再进行密封处理，从而减少食品包装袋内的氧气。减少食品包装袋内的氧气，可以破坏微生物、促进酶（催化化学反应）的生存环境，从而达到食品保鲜的目的。真空包装广泛应用于熟食、酱腌菜、腌腊制品、豆制品等保鲜包装，如图 1-7 所示。

图 1-7　食品真空包装

真空保鲜

（2）真空冷冻干燥　真空冷冻干燥就是将含水物品冻结至共晶点温度以下而使水分变成冰，然后在真空下加热而使冰直接升华为水蒸气除去，从而达到获得冻干保鲜物品的目的。这是一种低温低压下的物理升华脱水方式，故亦称为升华干燥。经真空冷冻干燥处理的物品易于长期保存，加水后能恢复到制品冻干前的状态，并且能够保持原有的特性不变。真空冷冻干燥广泛应用于食品、药品、化工以及生物制品等领域。图 1-8 所示为果蔬真空冷冻干燥。

（3）真空浸渍　真空浸渍是在真空条件下，通过负压将浸渍材料浸渍到其他固体物质中，以达到改善物质的材料性能或满足某种特定要求的真空应用工艺。真空浸渍也是一种食品保鲜的手段，是指在一定条件下，将食品原料放入渗透压力的糖溶液或盐溶液中，将物料中水分转移到溶液中达到除去部分水分

图 1-8　果蔬真空冷冻干燥

的目的。它还可用于线材、木材、电容器、变压器以及电缆等浸渍处理。图 1-9
所示为木材防腐真空浸渍处理。

图 1-9　木材防腐真空浸渍处理

3. 真空电子器件

　　真空电子器件就是利用电磁场控制电子在空间的运动以达到放大、振荡、显
示图像等目的。为避免电子与气体分子间的碰撞，保证电子在空间的运动规律，
而把电子器件内部抽成不同程度的真空度。真空电子元器件包括各种电子管、离
子管、电子束管、电光源管、中子管、电子衍射仪、电子显微镜、X 射线显微镜
（图 1-10）、粒子加速器、质谱仪、核辐射谱仪、真空断路器（图 1-11）、气体激光

器等。真空电子元器件在军事装备的发展历史上扮演着非常重要角色，直到现在仍然是雷达、通信、电子战等系统的核心元器件。

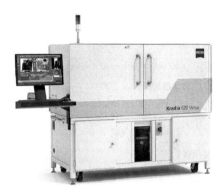

图 1-10　X 射线显微镜

图 1-11　户外真空断路器

4. 真空冶金

真空冶金是在低于标准大气压条件下进行的冶金作业。其可以实现大气中无法进行的冶金过程，能防止金属氧化，分离沸点不同的物质，除去金属中的气体或杂质，增强金属中碳的脱氧能力，提高金属和合金的质量。真空冶金具有清洁无污染、节能环保、可消除材料缺陷等优点，非常适合黑色金属、稀有金属、超纯金属及其合金、半导体材料等的冶炼。真空冶金应用范围十分广泛，包括真空脱气及铸造、真空熔炼及铸造、真空热处理、真空蒸馏、真空烧结、真空钎焊、真空制粉、真空还原以及真空表面处理等。图 1-12 所示为一种真空脱气机。

5. 真空镀膜

真空镀膜是一种在真空条件下把金属、合金或化合物等镀覆在基体（基片、基板）表面上的镀膜技术。镀膜是为了在基体表面形成具有某种特殊功能的薄膜，其主要目的是为了改变基体表面的物理、化学以及力学性能。金属、陶瓷、玻璃以及有机材料等均可作为镀层材料进行镀覆。图 1-13 所示是在塑料表面镀上金属薄膜，可使塑料制品具有金属光泽。

6. 真空在加速器和核聚变中的应用

粒子加速器（荷电粒子加速器的简称）是一种真空电子器件，是使带电粒子在高真空场中受磁场力控制、电场力加速而达到高能量的特种电磁、高真空装置，是人为地提供各种高能粒子束或辐射线的现代化装备。常见的粒子加速

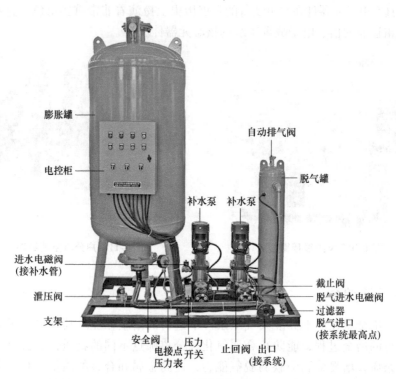

膨胀罐

电控柜

自动排气阀

脱气罐

补水泵　　补水泵

进水电磁阀
(接补水管)

泄压阀

支架

截止阀
脱气进水电磁阀
过滤器
脱气进口
(接系统最高点)

安全阀　　压力
电接点　开关
压力表

止回阀　出口
(接系统)

图 1-12　真空脱气机

器应用于电视的阴极射线管及 X 射线管
等设施。粒子加速器装置如图 1-14
所示。

　　核聚变又称核融合、融合反应、聚
变反应或热核反应，是利用两个轻原子
(如氘、氚) 聚合成一个重原子核 (如
氦)，并释放巨大的能量。核聚变原料
可来源于海水和一些轻核，几乎是取之
不尽，因此核聚变的发展前途不言而
喻。核聚变所需要的温度约为 2 亿℃，
在聚变中，如果氘、氚中含有杂质，这

图 1-13　真空金属镀膜

种超高温是很难达到的，因此将核聚变装置内部抽到超高真空是必不可少的条
件，通常要求的真空度在 $10^{-7} \sim 10^{-5}$Pa 范围内。

　　图 1-15 所示是一种利用磁约束来实现受控核聚变的环形容器——托卡马克
装置，其中央是一个环形的真空室，外面缠绕着线圈。工作时，托卡马克装置

图 1-14　粒子加速器装置

的内部会产生巨大的螺旋形磁场，将其中的等离子体加热到很高的温度，以达到核聚变的目的。

托卡马克
装置（一）

托卡马克
装置（二）

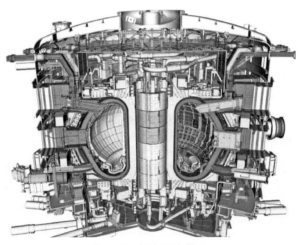

图 1-15　托卡马克装置

第 **2** 章　泵与真空泵

【学习导引】

　　本章使读者了解以液体和气体为工作介质的泵的含义、真空泵的主要性能参数、真空泵的分类、真空泵的命名规则，以及真空泵的主要用途和使用范围。特别要注意三点：①真空泵在抽气工作过程中的流量是对应于吸气口压力的体（容）积流率，工作过程中吸气口压力不断降低时，流量也在不断变小；②初步理解气体随着压力从大气压不断下降到稀薄状态的过程中，气体的流动将经历"湍流—黏滞流—分子流"三种流态变化过程；③不是所有真空泵的排气端都可以直接通向大气。

2.1　泵的含义

　　泵是外来音译字，它是一种能把液体或气体抽出（排除）或压入（吸入）的流体机械装置。

　　流体机械装置以流体为工作介质和能量载体，包括泵、水轮机、汽轮机、电动机、柴油机、风力机、通风机、压缩机、风动工具等。其中，水轮机、汽轮机、电动机、柴油机、风力机等属于原动机，泵、通风机、压缩机等属于工作机。流体机械装置的工作过程就是流体的能量与原动机的机械能或其他外部能量之间相互转换或不同能量的流体之间能量传递的过程。从能量传递方向和工作介质看，流体机械装置的分类见表 2-1。

表 2-1　流体机械装置根据能量传递方向和工作介质的分类

能量传递方向		液体	气体
工作机	机械→流体	泵	真空泵、压缩机、风机
	流体→流体	射流泵、水锤泵	喷射器

（续）

能量传递方向			液体		气体
原动机	流体→流体		水轮机		蒸汽轮机 燃气轮机 风力机
		液动机	往复式液压缸		
			液压马达		
		流量计	涡轮式		
			容积式		
兼用机	流体→机械		可逆式水轮机		
复合机	机械→流体→机械		液力传动装置		气压传动装置
	流体→机械→流体		水轮泵		

　　流体机械装置中用来输送和压缩气体的机械装置可统称为气体压送机械装置。气体压送机械装置一般按出口压强或压缩比进行分类，包括真空泵、通风机、鼓风机和压缩机等，其出口压强和压缩比见表2-2。

表2-2　气体压送机械装置出口压强与压缩比

气体压送机械装置	出口压强（表压）	压缩比
通风机	≤15kPa	1~1.15
鼓风机	15kPa~0.3MPa	<4
压缩机	≥0.3MPa	>4
真空泵	大气压	减压抽吸

　　气体压送机械装置主要用于输送气体、产生高压气体和产生真空。真空泵即真空获得设备的主要作用就是获得、改善和（或）维持真空。通风机的主要作用是排送气体即通风。鼓风机的主要作用是输送气体即送风。压缩机的主要作用是将低压气体提升为高压气体，它是制冷系统的核心装置。

2.2　泵的分类

2.2.1　基于泵的主轴方向不同的分类

　　从主轴方向看，泵可分为卧式泵、立式泵和斜式泵，如图2-1所示。卧式泵的主轴方向与水平面平行，其占地面积大，安装简单，但维修不易。立式泵的主轴方向与水平面垂直，其占地面积小，安装复杂，但维修简单。斜式泵的主轴方向与水平面有一定倾斜角度，其外形尺寸和质量较大，结构较复杂，但允许缸体有较大的摆角，可用较小的结构尺寸获得较大的排量范围。

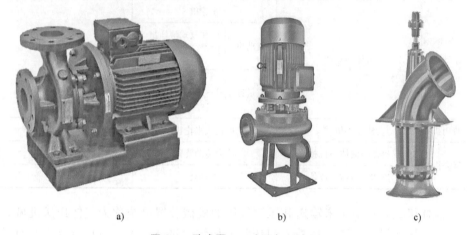

a)　　　　　　　　　　　b)　　　　　　　　　　　c)

图 2-1　卧式泵、立式泵与斜式泵

a）卧式泵　b）立式泵　c）斜式泵

2.2.2　基于泵的吸口数目不同的分类

从吸口数目看，泵可分为单吸泵和双吸泵，如图 2-2 所示。

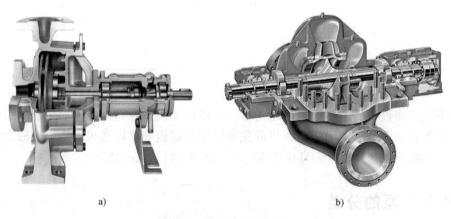

a)　　　　　　　　　　　　　　b)

图 2-2　单吸泵与双吸泵

a）单吸泵　b）双吸泵

单吸泵只有一个进口，流体从水平轴向吸入，向上从径向排出。双吸泵有两个进口，进出口在同一方向上且垂直于泵轴，可以从两个方向同时吸入流体。双吸泵流量较大，单吸泵流量较小。双吸泵比单吸泵要多一个密封腔，所以其成本相对较高。

2.2.3 基于泵的工作原理不同的分类

根据工作原理不同，泵可分为容积式泵、叶片式泵和其他泵。其他泵包括喷射式泵、电磁泵、水锤泵、惯性脉冲泵等。

1. 容积式泵

容积式泵（简称容积泵）是指泵的工作腔容积会发生周期性变化的泵。容积式泵依靠活塞、柱塞、隔膜、齿轮或者叶片等工作元部件的往复运动或者回转运动，使泵腔内一个或若干个工作腔的容积发生增大和缩小的周期性变化，从而达到吸入和排出流体的目的。

根据工作元部件运动方式的不同，容积式泵可分为往复式容积泵和回转式容积泵两种类型。

（1）往复式容积泵 往复式容积泵的活（柱）塞在泵缸内做往复运动，使工作腔容积发生变化而达到吸入和排出流体的目的，其结构如图 2-3 所示。

往复泵（一）

往复泵（二）

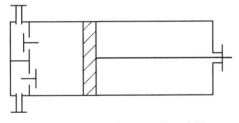

图 2-3 往复式容积泵结构示意图

根据运动部件及密封方式的不同，往复式容积泵可分为活塞泵、柱塞泵、隔膜泵、计量泵等类型。

1）活塞泵依靠活塞在缸体中的往复运动使得泵腔工作容积发生周期变化而完成吸入和排出流体的过程，其结构如图 2-4 所示。活塞泵的特点是扬程较高，特别适用于高扬程、小流量的场所，常用于输送常温无固体颗粒的流体。低中速活塞泵速度低，可用人力操作和畜力拖动，适用于农村给水和小型灌溉。

活塞泵

2）柱塞泵依靠柱塞在缸体中的往复运动使泵腔工作容积发生周期变化而完成吸入与排出流体的过程。柱塞泵如图 2-5 所示。

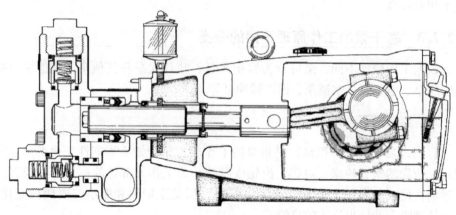

图 2-4　活塞泵结构示意图

柱塞泵

斜盘式直轴柱塞泵

图 2-5　柱塞泵

　　柱塞泵与活塞泵的主要区别是：柱塞要伸出缸体而活塞不会伸出缸体；柱塞泵的密封件安装在柱塞上随柱塞一起做往复运动，活塞泵的密封件固定在泵腔上静止不动；柱塞泵改变的是缸套外的容积，活塞泵改变的是缸体内的容积；柱塞泵适用于高压、大流量和流量需要调节的场合，如液压机、工程机械和船舶等，活塞泵适用于高压、小流量的场合，比如石油化工、食品加工、医药生产和造纸等。

　　3）隔膜泵（又称栓塞泵或控制泵）通过接收控制信号并借助动力操作以改变流体流量，它用隔膜将活柱和泵体与被输送介质隔开，与输送介质接触一侧均由耐腐蚀材料制造或涂一层耐腐蚀物质，另一侧则充满水或油，活柱的往复运动使隔膜交替向两侧弯曲，从而吸入和排出流体，其结构如图 2-6 所示。依据动力源的不同，隔膜泵可分为气动隔膜泵、电动隔膜泵和电液动隔膜泵等类型。隔膜泵一般以压缩空气为动力源，通过压缩空气挤压隔膜以实现流体的吸排。隔膜泵可以不依靠电源，

隔膜泵

被用于各种恶劣工况环境，可用于输送各种腐蚀性流体、带颗粒流体或高黏度、易挥发、易燃、剧毒流体，也可用于输送其他泵通常情况下不宜抽吸或输送的流体。

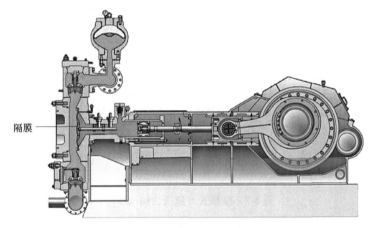

图 2-6 隔膜泵结构示意图

隔膜

4）计量泵（又称定量泵或比例泵）是一种可以任意调节流量的特殊往复式容积泵。当计量泵用于输送药液时，又被称为加药泵或加药计量泵。计量泵的输出流量受出口压力变化影响较小，是一种流体精密计量与投加设备。计量泵的传动装置通过偏心轮把旋转运动变成柱塞的往复运动，由于偏心轮的偏心距可调，故可通过改变柱塞往复运动的行程以达到调节和控制流量的目的。从液力端结构形式看，计量泵可分为柱塞式计量泵和隔膜式计量泵两大类。柱塞式计量泵由动力端和液力端两部分组成。动力端通过曲柄连杆机构促使柱塞做往复运动，通过 N 形轴调节机构来改变行程流量大小。液力端通过吸入、排出阀组起到输送流体的作用。隔膜式计量泵就是在柱塞的前端加上了隔膜装置，利用特殊设计加工的柔性隔膜取代传统活塞。柱塞式计量泵的柱塞直接与所输送的流体接触，隔膜式计量泵

隔膜式计量泵

由隔膜片将液压油与所输送的流体隔开。因为隔膜的隔离作用，所以隔膜式计量泵的被输送流体不易泄漏，其结构如图 2-7 所示。隔膜式计量泵特别适合输送腐蚀性介质、含固体颗粒介质，以及用于对清洁度要求较高的工况。

（2）回转式容积泵 回转式容积泵又称转子泵或旋转泵，它主要由泵壳与在其中旋转的转子构成。当转子旋转时，工作腔内多个固定容积发生周期变化。回转式容积泵就是依靠转子的旋转运动所形成的工作腔容积的增大和减小来吸入与排出流体。容积增大的过程形成低压，流体被吸入；容积减小的过程形成

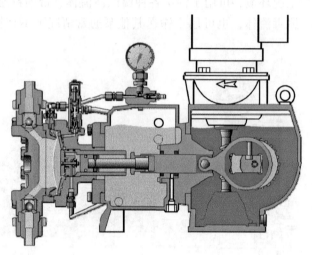

图 2-7　隔膜式计量泵结构示意图

高压，流体被排出。流量仅取决于工作腔容积的变化值及其变化频率，理论上与排出压力无关。回转式容积泵排出的流体是依靠转子内腔所形成的密封空间传出而不是被挤压出去的，故流体介质的物理特性一般而言都不会发生变化，这是回转式容积泵的显著特点，其结构如图 2-8 所示。

回转式容积泵

图 2-8　回转式容积泵结构示意图

　　相对于往复式容积泵而言，回转式容积泵结构紧凑，体积和排气压力小，流量小和效率低，故仅适合输送少量或黏度大的流体，一般不宜输送含固体悬浮物的流体。

　　从转子形式看，回转式容积泵可分为齿轮泵、螺杆泵、凸轮泵、水环泵、蠕动泵等不同类型。

　　1）齿轮泵是依靠泵缸与啮合齿轮间所形成的工作容积变化和移动来输送流

体或使之增压的正位移泵。当齿轮转动时，齿轮脱开侧的空间从小变大，形成真空，将流体吸入；齿轮啮合侧的空间从大变小，将流体排出。吸入腔与排出腔是靠两个齿轮的啮合来隔开的。齿轮泵排出口的压力完全取决于泵出口处阻力的大小。齿轮泵是液压设备中常用的液压泵。

从啮合形式看，齿轮泵可分为外啮合齿轮泵和内啮合齿轮泵，如图2-9所示。

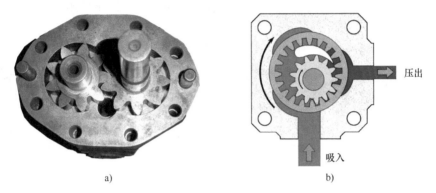

图 2-9　外啮合齿轮泵与内啮合齿轮泵

a）外啮合齿轮泵　b）内啮合齿轮泵

外啮合齿轮泵

内啮合齿轮泵

2）螺杆泵是依靠泵体与螺杆之间所形成的啮合空间的容积变化和移动来输送流体或使流体增压的正位移回转式容积泵。

螺杆泵的工作原理与齿轮泵类似，只是在结构上用螺杆取代了齿轮。螺杆泵借助转动的螺杆与泵壳上的内螺纹或螺杆与螺杆相互啮合将流体沿轴向推进并排出。螺杆泵结构简单，工作安全可靠，使用维修方便，流量连续均匀，压力稳定，噪声和振动小，适宜在高压下输送黏稠性、高黏度或含有颗粒或纤维的流体。

单螺杆泵

从螺杆数目看，螺杆泵可分为单螺杆泵、双螺杆泵和三螺杆泵。

单螺杆泵是一种内啮合回转式容积泵,其结构如图 2-10 所示。单螺杆泵依靠偏心螺杆(转子)和固定衬套(定子)之间的啮合相对运动,分别形成单独的密封容腔,介质沿轴向均匀流动,内部流速低,容积保持不变,压力稳定。单螺杆泵输送适应范围广,因定子选用多种弹性材料制成,故可输送含有固体颗粒或纤维的介质,亦多用于黏稠介质的输送。与柱塞泵相比,单螺杆泵具有更好的自吸能力。与隔膜泵相比,单螺杆泵可输送各种混合杂质,含有气体及固体颗粒或纤维的介质,也可输送各种腐蚀性物质。与齿轮泵相比,单螺杆泵可输送高黏度的物质。

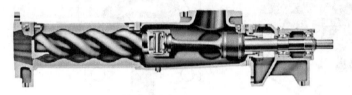

图 2-10　单螺杆泵结构示意图

单螺杆泵(剖面)

　　双螺杆泵是外啮合螺杆泵,它的两根螺杆相互啮合但互不接触,其结构如图 2-11 所示。双螺杆泵的一根螺杆是主动螺杆,它的一端伸出泵外并由原动机驱动。主动螺杆与从动螺杆具有不同旋向的螺纹,螺杆与泵体紧密贴合。从动螺杆通过同步齿轮由主动螺杆驱动。双螺杆泵作为一种回转式容积泵,其吸入室与排出室必须相互分隔、互不相通,这就要求泵体与螺杆外圆表面以及螺杆与螺杆之间的间隙应尽可能

双螺杆泵

减小。同时,泵体与螺杆外圆表面以及螺杆与螺杆之间各自形成密封容腔,并保证密封,避免流体返流。双螺杆泵由于其型线的特点以及恒定间隙的存在,除输送纯液体外,还可输送气体和液体的混合物,而且不会破坏分子链结构和工况流程中所形成的特定的流体性质。

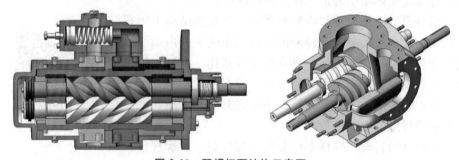

图 2-11　双螺杆泵结构示意图

三螺杆泵的中间螺杆为主动螺杆，由原动机带动运转，主动螺杆两边的螺杆为从动螺杆，其结构如图 2-12 所示。从动螺杆随主动螺杆做反向旋转。三根互相啮合的螺杆在泵缸内按每个导程形成一个密封腔，形成吸排口之间的数级动密封室。这些动密封室不断把流体由进口沿螺杆轴向输送至出口，并使所输送流体逐级升压。由于两从动螺杆与主动螺杆左右对称啮合，三螺杆泵作用在主动螺杆上的径向力完全平

三螺杆泵

衡，主动螺杆不承受弯曲负荷。从动螺杆所受径向力沿其整个长度都由泵缸衬套来支承，不需要在外端另设轴承。运行时螺杆外圆表面和泵缸内壁之间形成的一层油膜，可防止金属之间的直接接触，使螺杆齿面的磨损大大减少。三螺杆泵结构简单、压力脉动小、流量稳定、工作平稳可靠、允许高转速、噪声低、效率高、寿命长，有自吸能力，主要用于输送不含固体颗粒、无腐蚀性油类及类似油的润滑性流体。三螺杆泵在工业领域中可作为润滑泵使用，在液压系统中可作为液压泵使用，在燃油系统中可作为输送及增压泵使用，在输油系统中可以用作输送及加油泵。

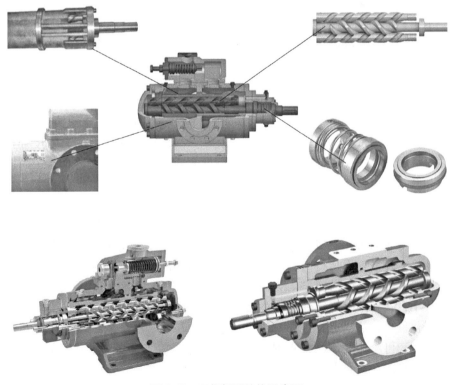

图 2-12　三螺杆泵结构示意图

3）凸轮泵兼具齿轮泵、旋转活塞泵、螺杆泵的优点，它是齿轮泵、旋转活塞泵、螺杆泵的换代升级产品，其结构如图 2-13 所示。

凸轮转子泵（一）

凸轮转子泵（二）

图 2-13　凸轮泵结构示意图

凸轮泵有两个同步运动的转子，转子由一对外置式同步齿轮箱进行传动，转子在传动轴的带动下进行同步反方向旋转，从而构成了较高的真空度和排放压力，特别适合医药级介质和腐蚀性高黏度介质的输送，但不适合输送磨蚀性流体和硬物，也不能用作计量泵。

4）水环泵（水环真空泵的简称）是一种粗真空泵，它是依靠泵腔容积的变化来实现吸气、压缩和排气的回转式变容真空泵，其结构如图 2-14 所示。水环泵也可用作压缩机，它属于低压压缩机。水环泵需要外接水润滑，它是一种液环泵。当水环泵工作运行时，水环起着液体活塞的作用。水环泵结构简单，制造精度要求不高，容易加工，结构紧凑，泵腔内没有金属摩擦表面，无须润滑，磨损很小，转动件和固定件之间的密封可直接由水封来完成，压缩气体过程中温度变化很小，基本上是等温的，可用于抽除易燃、易爆的气体，还可用于抽除含尘埃、可凝性气体和气水混合物，即水环泵亦可抽取液体。但是，水环泵效率很低，能量损失大。

水环泵

图 2-14 水环泵结构示意图

5）蠕动泵因其工作原理而得名，其结构如图 2-15 所示。蠕动泵的工作原理是通过挤压软管而实现流体的输送。蠕动泵与软管泵之间并没有严格的区分。就工作原理而言，软管泵也属于蠕动泵的范畴。一般而言，蠕动泵的流量小、出口压力低，多用于卫生领域及实验室计量。软管泵流量大、输出压力高，多用于工业场合大流量输送及计量。从流体输送的精确程度而言，蠕动泵流速恒定，可作为恒流泵或计量泵使用。蠕动泵输送流体只经过软管，故非常适合对流体的清洁无污染输送，而且输送精度很高，可以输送带有敏感性、强腐蚀性、黏稠、具有磨削作用、纯度要求高以及含有一定颗粒状物料的各种流体。

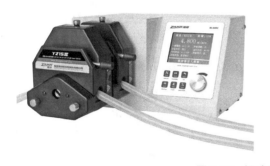

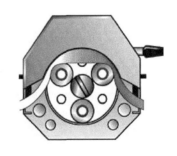

图 2-15 蠕动泵

2. 叶片式泵

叶片式泵依靠叶轮的高速旋转把原动机的机械能转化为流体的能量，其结构如图 2-16 所示。叶轮就是装有可转动叶片的轮盘，是叶片式泵的转子。动力式泵中的离心泵、混流泵和轴流泵都属于叶片式泵的范畴，滑片泵也属于叶片式泵。因此，叶片式泵实际上指的是工作原理相同的一类泵，它是与容积式泵并列的泵。叶片式泵在结构上与容积式泵的根本区别就在于它的高压侧（排出室）与低压侧（吸入室）之间通过叶轮流道而相互贯通，而容积式泵的高压侧与低压侧是不能贯通的。

叶片泵

图 2-16　叶片式泵结构示意图

（1）单作用叶片式泵和双作用叶片式泵　从转子旋转一周的流体吸排次数看，叶片式泵可分为单作用叶片式泵和双作用叶片式泵，如图 2-17 所示。叶片式泵的转子每转一周，单作用叶片式泵完成一次吸排，而双作用叶片式泵完成两次吸排（叶片在转子叶片槽内滑动两次）。单作用叶片式泵多用于变量泵，双作用叶片式泵均为定量泵。

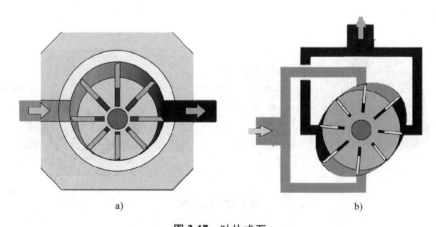

a)　　　　　　　　　　　　　　　　b)

图 2-17　叶片式泵
a) 单作用叶片式泵　b) 双作用叶片式泵

（2）离心泵　离心泵一般由电动机带动叶轮高速旋转，依靠叶轮旋转产生的离心力输送流体。由于离心力的作用，流体从叶轮中心沿叶轮径向甩出并获得能量，流速逐渐降低，流体以较高的压强沿排出口流出。由于流体被甩出，叶轮中心形成低压真空，与吸入口形成压差，流体在压差的作用下，由吸入口连续不断地补充进入叶轮。叶轮不停旋转，流体就连续不断地被吸入和排出。离心泵流量均匀，运转平稳，振动小，转速高，设备安装和维护费用低，适用范围广。离心泵可分为单级离心泵和多级离心泵，其结构如图 2-18 所示。

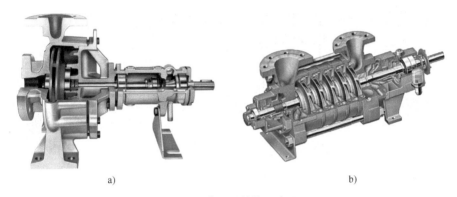

a)   b)

图 2-18 离心泵结构示意图

a）单级离心泵 b）多级离心泵

单级离心泵   多级离心泵

（3）**轴流泵** 轴流泵是依靠旋转叶轮的叶片对流体产生的作用力使流体沿轴线方向输送的叶片式泵，其结构如图 2-19 所示。轴流泵用叶轮的高速旋转所产生的推力做功。轴流泵一般为立式泵，叶轮高速旋转，在叶片产生的升力作用下，连续不断地将流体向上推压，使流体沿流出管流出。叶轮不断地旋转，流体也就被连续压送到高处。轴流泵流量大，结构简单，重量轻，外形尺寸小，占地面积小，但因扬程太低而应用范围受到限制。

（4）**旋涡泵** 旋涡泵是一种叶轮外缘部分带有许多径向小叶片的叶片式泵，其结构如图 2-20 所示。旋涡泵工作时，叶轮旋转使流体在叶片和泵体流道中反复做旋涡运动，这与其他叶片式泵是不同的。旋涡泵是一种小流量、高扬程泵，适宜输送黏度不大、无固体颗粒、无杂质的液体或气液混合物。

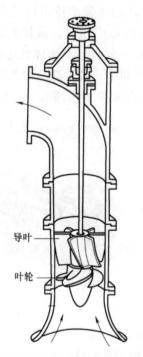

导叶

叶轮

轴流泵

图 2-19　轴流泵结构示意图

旋涡泵

图 2-20　旋涡泵结构示意图

3. 喷射式泵

喷射式泵简称喷射泵，是一种流体动力泵，无需机械传动装置。喷射式泵借助另一种高压工作流体经喷嘴后产生的高速射流所形成的负压作为动力源来引射被吸流体，二者进行动量交换而使被引射流体的能量增加，从而实现吸排流体的目的。喷射式泵常用的工作流体为水、水蒸气和空气，被引射流体可为气体、液体，亦可为具有流动性的固液混合物。

根据工作流体的不同，喷射式泵可分为水喷射泵、水蒸气喷射泵、空气喷射泵和油喷射泵（油增压泵、油扩散泵）。

喷射式泵是用来获得高真空或超高真空的主要设备。图 2-21 所示为汽车发动机用的离心控制分配型喷射泵解剖模型。

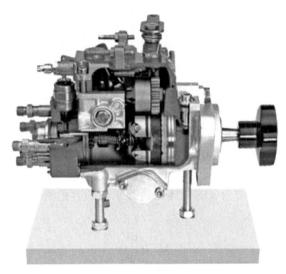

图 2-21　离心控制分配型喷射泵解剖模型

2.3　真空泵

2.3.1　真空泵的主要性能参数

真空泵的主要性能参数有极限真空度（极限压力）、流量、抽气速率等。

1. 极限真空度

真空泵所能达到的最大真空度称为极限真空度（简称"极限真空"）。极限真空度是真空泵的一个重要性能参数，常用压力表示，又称为极限压力。从理论上讲，在极限真空状态下是没有任何物质存在的，但事实上这是目前的科学技术手段尚不能达到的。目前，极限真空度在理论上可能达到 10^{-14}Pa。

真空泵的极限真空度用绝对压力 p 表示，压力越小，表示真空度越高；压力越大，表示真空度越低。

真空泵的相对压力 p_x 是指被测对象的压力与测量地点大气压的差值。用普通真空表（图 2-22）即可测量，真空表量程为 -0.1~0MPa。真空泵相对压力一般都用负数表示，数值介于 0~-0.1MPa 之间，在没有真空的状态下（即常压时），真空表读数为 0（即 1atm）。相对压力越大，表示真空度越高；相对压力越小，表示真空度越低。

相对压力 p_x 与绝对压力 p 之间的换算关系如下：

$$p = p_x + 0.1\text{MPa}$$

若真空表读数为 -0.02MPa，则绝对压力 p

$$p = p_x + 0.1\text{MPa} = (0.1 - 0.02)\text{MPa} = 0.08\text{MPa}$$

图 2-22　真空表

2. 流量

真空泵的流量是指在真空泵的吸气口处，单位时间内流过的气体量。流量 Q 的单位表示为 Pa·m³/s 或 Pa·L/s。一般情况下，通常真空泵要给出流量与入口压力的关系曲线。

气体的流量就是压力为 p 的气体通过某平面的容积流率 $\mathrm{d}V/\mathrm{d}t$ 与其压力 p 的乘积，即

$$Q = p\frac{\mathrm{d}V}{\mathrm{d}t} \tag{2-1}$$

式中　$\dfrac{\mathrm{d}V}{\mathrm{d}t}$——容积流率，单位为 m³/s 或 L/s；

　　　p——气体压力，单位为 Pa。

气体流动可分为三种基本状态，即湍流、黏滞流和分子流。气源从一种状态转变为另一种状态时，存在过渡区域，称之为湍-黏滞流、黏滞-分子流。

（1）湍流　湍流发生在真空系统从大气开始抽气的阶段，持续时间很短。这一阶段泵可能会发出沉闷的噪声。在湍流状态下，当管路中气体压力较高、流速较快时，流动处于不稳定状态，流场中各质点的速度随时间而变化，惯性力在流动中起主导作用，管路中每一点的压强和流速随时间变化而不断变化。

（2）黏滞流　在黏滞流状态下，管路中气体压力逐渐降低，惯性力较小，内摩擦力起主要作用，流动变为具有不同速度的流动层（也称层流），流线随着管道形状变化而变化，管壁附近的气体几乎不流动，流速的最大值在管路中心。对黏滞流的研究可采用经典流体力学方法。

（3）分子流　在分子流状态下，当管路中气体压力进一步降低到气体分子平均自由程和管道直径相当时，气体间的碰撞少到可以忽略不计的程度，气体的内摩擦已不存在，气体分子只与管壁碰撞，气体的流动靠管路内分子密度梯度推动进行，气体分子靠热运动自由而独立地离开管路。对分子流的研究可采

用统计力学的方法。

（4）黏滞-分子流　在黏滞-分子流状态下，气体处于黏滞流和分子流之间的一种中间流动状态。对黏滞-分子流的研究多采用对现有理论的修正或采用半经验公式的方法。

3. 抽气速率

真空泵的抽气速率（简称抽速）是指在真空泵的吸气口处，单位时间内流过的气体体积。

当泵装有标准试验罩并按规定条件工作时，从试验罩流过的气体流量 Q 与在试验罩上指定位置测得的平衡压力 p 之比就是抽速 $S(\mathrm{m}^3/\mathrm{s})$，即

$$S = \frac{Q}{p} \tag{2-2}$$

一般真空泵的抽速与气体种类有关，如无特殊说明，真空泵的抽速是针对抽空气而言。

4. 其他表达真空泵性能和参数的技术术语

除极限真空度、流量和抽气速率外，还有启动压力、前级压力、最大前级压力、临界前级压力、最大工作压力、压缩比和返流率等表达真空泵性能和参数的技术术语。

（1）启动压力　启动压力是指真空泵无损坏启动并有抽气作用时的压力。

（2）前级压力　前级压力是指排气压力低于标准大气压的真空泵的出口（指出气口或排气口）压力。前级压力不能超过最大值，否则会导致真空泵损坏。前级压力的最大值称为最大前级压力。真空泵所许可的最大前级压力值就是泵的临界前级压力。

（3）最大工作压力　最大工作压力是指对应最大流量（最大抽气量）的真空泵入口压力。抽气量就是流经真空泵入口的气体流量。在此压力下，真空泵能够连续工作而不恶化或损坏。

（4）压缩比　压缩比是指真空泵对给定气体的出口压力与入口压力之比。

（5）返流率　返流率是指真空泵在规定条件下工作时，与抽气方向相反而通过泵入口的单位面积、单位时间的流体的质量流量，其单位为 $\mathrm{g \cdot cm^{-2} \cdot s^{-1}}$。

5. 转速、功率与效率

（1）转速　泵轴每分钟的转数，就是泵的转速，用 n 表示，单位为 r/min。

（2）功率　泵的功率分为输入功率和输出功率。

泵的输入功率又称轴功率，它是动力源传给泵的功率，单位为 kW。

泵的输出功率又称有效功率或流体功率，它是被泵输送的流体所获得的功率，单位为 kW。输出功率实际上就是单位时间内通过泵的流体所获得的有效能量。

（3）效率　泵的效率就是泵的输出功率与输入功率的比值，用 η 表示，为百分比形式。

泵的效率与泵的设计水平、机械加工水平等有关，效率的高低直接影响能耗。每种泵都有各自的高效率区间。

2.3.2　真空泵的名称与代号

真空泵的名称与代号见表 2-3。

表 2-3　真空泵的名称与代号

真空泵名称	代号	主要参数或规格
往复真空泵	W（"往"拼音首字母）	抽气速率 （L/s） （m³/h）
定片真空泵	D（"定"拼音首字母）	
旋片真空泵	X（"旋"拼音首字母）	
滑阀真空泵	H（"滑"拼音首字母）	
罗茨真空泵（机械增压泵）	ZJ（"增、机"拼音首字母）	
余摆线真空泵	YZ（"余、真"拼音首字母）	
溅射离子泵	L（"离"拼音首字母）	
单级多旋片式真空泵	XD（"旋、多"拼音首字母）	
分子泵	F（"分"拼音首字母）	进气口径（mm）
油扩散真空泵	K（"扩"拼音首字母）	
汞扩散真空泵	KG（"扩、汞"拼音首字母）	
油扩散喷射泵（油增压泵）	Z（"增"拼音首字母）	
升华泵	S（"升"拼音首字母）	
回旋泵（弹道泵）	HX（"回、旋"拼音首字母）	
复合式离子泵	LF（"离、复"拼音首字母）	
锆铝吸气剂泵	GL（"锆、铝"拼音首字母）	
制冷机低温泵	DZ（"低、制"拼音首字母）	
灌注式低温泵	DG（"低、灌"拼音首字母）	
分子筛吸附泵	IF（I是"吸"拼音的第二个字母，F是"分"拼音首字母）	分子筛质量（kg）
水喷射泵	PS（"喷、水"拼音首字母）	抽气量（kg/h）
空气喷射泵	PQ（"喷、气"拼音首字母）	
蒸气喷射泵	P（"喷"拼音首字母）	

如若进气口径相同而抽气速率不同，则可同时标示抽气速率。

2.3.3　真空泵型号组成

真空泵型号由基本型号和辅助型号两部分组成，两部分之间由横线连接，如下所示。

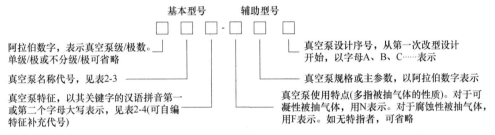

表 2-4　真空泵特征代号

代号	关键字意义及拼音字母	代号	关键字意义及拼音字母
W	"卧式"的"卧"拼音首字母大写	T	"凸腔"的"凸"拼音首字母大写
Z	"直联"的"直"拼音首字母大写	F	"风冷"的"风"拼音首字母大写
S	"升华器"的"升"拼音首字母大写	X	"磁悬浮"的"悬"拼音首字母大写
D	"多式"的"多"拼音首字母大写	J	"金属密封"的"金"拼音首字母大写
C	"磁控"的"磁"拼音首字母大写	G	"干式"的"干"拼音首字母大写

真空泵型号示例如下：

真空泵型号：W-35 表示往复真空泵，抽气速率 35L/s。

真空泵型号：2X-15A 表示双级旋片式真空泵，抽气速率 15L/s，第一次改型设计。

真空泵型号：ZJ-600 表示机械增压泵，抽气速率 600L/s。

真空泵型号：GL-100 表示锆铝吸气剂泵，进气口径为 100mm。

真空泵型号：IF-3 表示分子筛吸附泵，装入分子筛质量为 3kg。

真空泵型号：2H-70B 表示双级滑阀真空泵，抽气速率 70L/s，第二次改型设计。

真空泵型号：3P0.63-50/0.6-10 表示三级水蒸气喷射泵，吸入压力为 0.63kPa，抽气量为 50kg/h，工作蒸气压力为 0.6MPa，其中可凝性气体量为 10kg/h。

2.3.4　真空泵的分类

基于工作原理的不同，真空泵可以分为两大类：气体传输真空泵和气体捕集真空泵，如下所示（简写时省去了"真空"二字）。

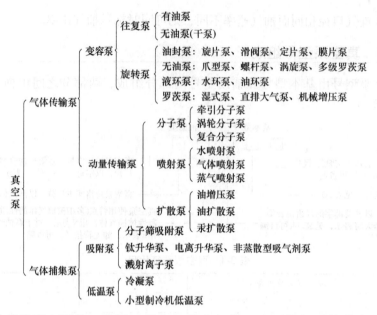

气体传输真空泵是一种通过吸入与排出气体以达到抽气目的的真空泵，又称为气体输送真空泵。气体传输真空泵包括变容真空泵和动量真空泵两种类型。气体传输真空泵皆为机械真空泵。

1. 变容真空泵

变容真空泵是一种泵腔内充满气体，其入口被周期性地隔离，然后将气体输送到出口的气体传输真空泵。变容真空泵是利用泵腔容积的周期变化来完成吸气和排气的，它又包括往复式变容真空泵和旋转式变容真空泵两种类型。

（1）往复式变容真空泵 往复式变容真空泵是利用泵腔内活塞的往复运动以达到抽气目的的气体传输真空泵，又称为活塞真空泵。

（2）旋转式变容真空泵 旋转式变容真空泵是利用泵腔内转子的旋转运动以达到抽气目的的气体传输真空泵，它包括液环真空泵、罗茨真空泵、螺杆真空泵等诸多类型。

2. 动量真空泵

动量真空泵是将动量传递给气体分子，使气体由入口不断地输送到出口的一种气体传输真空泵。喷射真空泵、扩散真空泵、扩散喷射真空泵、离子传输真空泵、涡旋真空泵、分子真空泵等都属于动量真空泵。

3. 气体捕集真空泵

气体捕集真空泵是一种通过气体分子被吸附或冷凝而保留在泵内表面上进

而达到抽气目的的真空泵。它包括吸附真空泵、吸气剂真空泵、升华（蒸发）真空泵、吸气剂离子真空泵等类型。

2.3.5　真空泵的工作压力范围

各种真空泵的工作压力范围见表 2-5。

表 2-5　真空泵的工作压力范围

名称		工作压力范围/Pa（10^5 ～ 10^{-9}）
干式真空泵	干式旋片真空泵	10^5 ～ 10
	爪式真空泵	10^5 ～ 10^2
	涡旋式真空泵	10^5 ～ 1
	螺杆式真空泵	10^4 ～ 10^{-1}
往复式真空泵	卧式往复泵	10^4 ～ 10^2
	立式往复泵	10^4 ～ 10^2
水环式真空泵	单级水环泵	10^5 ～ 10^3
	双级水环泵	10^5 ～ 10^3
水环-大气喷射真空泵组		10^5 ～ 10^2
油封机械真空泵	定片式真空泵	10^4 ～ 1
	旋片式真空泵	10^4 ～ 10^{-1}
	滑阀式真空泵	10^4 ～ 10^{-1}
	直联式真空泵	10^4 ～ 10^{-1}
罗茨式真空泵		10^3 ～ 10^{-1}（特殊 ～ 10^{-4}）
水蒸气喷射泵	单级	10^5 ～ 10^4
	双级	10^5 ～ 10^3
	三级	10^4 ～ 10^3
	四级	10^4 ～ 10^2
	五级	10^4 ～ 10
	六级	10^2 ～ 1
油扩散喷射泵		10 ～ 10^{-2}
油扩散泵		10^{-1} ～ 10^{-9}（特殊）
钛泵	冷阴极式	10^{-1} ～ 10^{-8}
	溅射式	10^{-1} ～ 10^{-8}
	升华式	10^{-1} ～ 10^{-7}
	轨旋式	10^{-2} ～ 10^{-7}
涡轮分子泵		10^{-1} ～ 10^{-9}
低温泵		10^{-1} ～ 10^{-9}
溅射离子泵	二级型	10^{-1} ～ 10^{-9}
	三级型	10^{-1} ～ 10^{-9}
分子筛选吸附泵		10^5 ～ 10^{-2}

注:
━━━━　一般使用　　═══　特殊使用　　▭▭　部分使用

2-1 真空泵的主要性能参数有哪些？

2-2 在真空泵的标准测试系统中，测得真空罩流过的气体流量 $Q = 360\text{Pa} \cdot \text{m}^3/\text{h}$，真空罩内的压力 $p = 293\text{Pa}$，此时的抽速 S 为多少？

2-3 简述变容真空泵与动量真空泵的工作原理。

2-4 列举出至少 5 种在中真空范围内工作的真空泵。

第**3**章 罗茨真空泵

【学习导引】

　　本章使读者了解罗茨真空泵的结构、关键零部件——转子及工作原理，重点在对转子型线的空间运动理解，建议扫描书中对应二维码查看罗茨真空泵工作原理动图。本章学习重点关注如下三点：①深刻领会几何抽速的计算公式，并理解其与名义抽速的区别之处；②有效压缩比和罗茨真空泵功率的计算；③罗茨真空泵的设计。

　　罗茨真空泵（简称罗茨泵）是一种旋转式变容真空泵，它是一种无内压缩的双转子容积式真空泵，是一种粗真空获得设备，如图3-1所示。

图 3-1　罗茨真空泵

3.1　罗茨真空泵的种类

1. 按工作范围分

　　根据工作范围的不同，罗茨真空泵可分为直排大气的低真空罗茨泵、中真空罗茨泵（又称机械增压泵）和高真空多级罗茨泵。罗茨真空泵最初是为适应在 10~1000Pa 压力范围内具有大抽速的真空熔炼系统而作为机械增压泵使用的。机械增压泵是国内使用最多的中真空罗茨泵。中真空罗茨泵和高真空多级罗茨泵均需配置前级泵，不可单独使用。

2. 按泵体结构分

根据泵体结构的不同，罗茨真空泵可分为普通型罗茨真空泵和直排大气型罗茨真空泵。普通型罗茨真空泵不能直接把泵内气体排到大气中去，它需要和前级真空泵串联使用，被排出气体需要通过前级真空泵后才能排到大气中，如图3-2所示。直排大气型罗茨真空泵则不需要前级真空泵而可以直接把泵内气体排到大气中去。

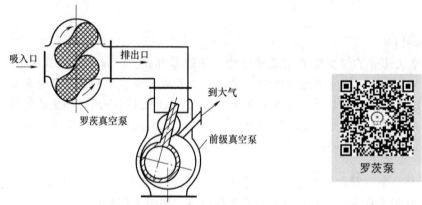

图3-2　普通型罗茨真空泵排气示意图

（1）普通型罗茨真空泵　普通型罗茨真空泵又可分为带旁通阀的罗茨真空泵和不带旁通阀的罗茨真空泵（一般型罗茨真空泵）。

带旁通阀的普通型罗茨真空泵如图3-3所示。带旁通阀的普通型罗茨真空泵的进气口与排气口相连通，在二者之间的通道上垂直地安装着一个重力阀（自重阀头）。阀可以在导向杆中自由浮动。阀头的重量等于设定的排气口与进气口之间的最高压力值。当进气口和排气口之间的压差与阀的有效作用面积的乘积超过阀头的自重时，阀头就被自动顶开。此时排气口的部分气体就通过阀座通道进入进气口，这样就可以控制排气压力。如果进气口和排气口之间的压差与阀的有效作用面积的乘积没有超过阀头的自重时，阀就依靠自重封闭排气口与进气口之间的通道。因此，带旁通阀的普通型罗茨真空泵不论泵的进气口处压力多大，都不会烧坏电动机，都不会影响泵的可靠运行。旁通阀实际上就是一种过载自动保护阀，也被称作旁通溢流阀。旁通溢流阀能够自动调节，它是泵的允许压差装置，可防止超载而引发事故。旁通溢流阀可使罗茨真空泵与前级泵同时在各种压力范围内连续运转，它能使真空容器在粗真空状态的抽气停息时间缩短30%~50%。如果罗茨真空泵比较大，则旁通溢流阀通常都安装在泵体外边的旁通管路上；如果罗茨真空泵比较小，则旁通溢流阀通常都安装在泵壳内部。

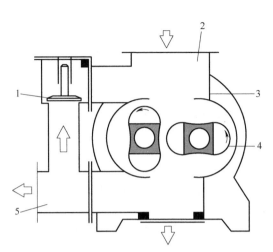

图 3-3　带旁通阀的普通型罗茨真空泵示意图

1—溢流阀　2—进气口　3—泵体　4—转子　5—排气口

（2）直排大气型罗茨真空泵　直排大气型罗茨真空泵又分为气冷式直排大气型罗茨真空泵和水冷式直排大气型罗茨真空泵。

气冷式直排大气型罗茨真空泵在排气口处装有冷却器和消声器以起到气体冷却和消声的作用，其工作原理如图 3-4 所示。被排出的高温气体经冷却器降温后，少部分冷却气体经由管道返流到泵腔以冷却转子，大部分冷却气体直接排出或进入下一级泵。气冷式罗茨真空泵可在高压差和高压缩比的情况下工作，结构简单，散热均匀，转子和泵体之间的间隙很小，泵容积效率高。

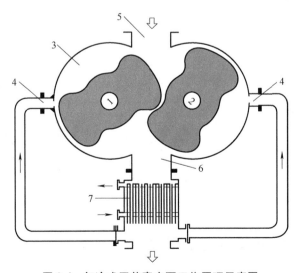

图 3-4　气冷式罗茨真空泵工作原理示意图

1、2—转子　3—泵腔　4—冷气入口　5—进气口　6—排气口　7—冷却器

水冷式直排大气型罗茨真空泵是一种用水冷却的罗茨真空泵，它在进气口的管路上装有气水分离器，在出气口的管道上装有分离器和消声器以起到气水分离和消声的作用。水冷式罗茨真空泵因水封作用而减少了内部间隙的泄露量，泵的效率高。

3. 按是否需要液体冷却和密封分

根据是否需要液体冷却和密封，罗茨真空泵可分为湿式罗茨真空泵和干式罗茨真空泵。湿式罗茨真空泵是指用液体（通常为水）来起密封和冷却作用的罗茨真空泵。干式罗茨真空泵则不需要用任何液体密封和冷却。气冷式直排大气型罗茨真空泵属于干式罗茨真空泵。水冷式直排大气型罗茨真空泵是一种用水冷却的湿式罗茨真空泵。一般而言，干式罗茨真空泵均需与前级真空泵配合使用。

4. 按转子轴线与水平面的关系分

根据转子轴线与水平面的关系不同，罗茨真空泵可分为立式罗茨真空泵和卧式罗茨真空泵。立式罗茨真空泵的两个转子的轴线呈竖直安装，两个转子轴线构成的平面与水平面垂直。立式罗茨真空泵的进排气口呈水平设置，装配和连接管道都比较方便，但立式罗茨真空泵并不多见。卧式罗茨真空泵的两个转子的轴线呈水平安装，两个转子轴线构成的平面为水平方向。卧式罗茨真空泵的进气口一般均在泵的上方，排气口在泵的下方，也有相反设置的。排气口一般为水平方向接出，所以进排气方向相互垂直。卧式罗茨真空泵最为常见，如图 3-5 所示。

图 3-5　卧式罗茨真空泵

3.2　罗茨真空泵的转子形状

罗茨真空泵的泵腔内有两个形状对称的转子（图 3-6）。因转子形状对称，故转子具有良好的动平衡性，运转平稳，噪声很低。

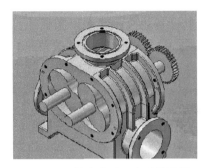

罗茨泵 8 字形转子

图 3-6　罗茨真空泵 8 字形转子图

罗茨真空泵转子的形状通常有二叶、三叶和四叶之分，其形状如图 3-7 所示。叶数越多，容积利用系数越大，几何抽速越大，泵的效率越高，极限真空度越高，气流脉动越小，振动越轻，气动噪声越小。但是，叶数越多，加工难度也越大，加工成本也越高，故罗茨真空泵的转子通常为两叶的 8 字形转子。

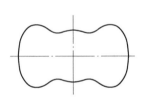
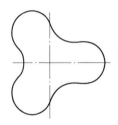
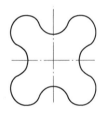

图 3-7　罗茨真空泵转子形状示意图

转子横断面的外轮廓线称作转子的型线。工作时，两个转子在传动比为 1∶1 的一对齿轮驱动下同步转动，两个转子的转动方向相反，如图 3-8 所示。罗茨真空泵的转子与转子之间、转子与泵体之间存在间隙，彼此之间均无接触，泵腔内的运动件无摩擦，故机壳和转子均不需要润滑油，可实现无油清洁抽气。由

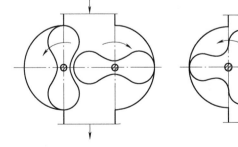
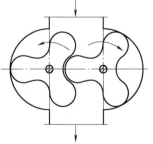
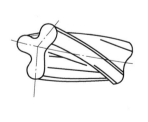

图 3-8　罗茨真空泵转子型线示意图

于罗茨真空泵要保证两个转子在工作时稳定保持一定的间隙，故转子的理论型线和实际型线之间存在间隙差。

罗茨真空泵的转子型线是共轭曲线。转子外轮廓型线多由圆弧线、渐开线和摆线组成。双叶转子的圆弧型线尺寸关系如图3-9所示，尺寸关系如下：

$$r = R - b \tag{3-1}$$

式中　r——转子头部半径，单位为 mm；

　　　R——转子外径，单位为 mm；

　　　b——转子圆头中心与转子中心的距离，单位为 mm。

$$c = 2R_0 - r \tag{3-2}$$

式中　c——转子腰部宽度，单位为 mm；

　　　R_0——节圆半径，单位为 mm。

$$b = \frac{R^2 - R_0^2}{2R - \sqrt{2}\,R_0} \tag{3-3}$$

$$\alpha = \frac{\pi}{2Z} \tag{3-4}$$

式中　α——转子头部相位角，单位为（°）；

　　　Z——转子叶数（双叶转子 $Z = 2$）。

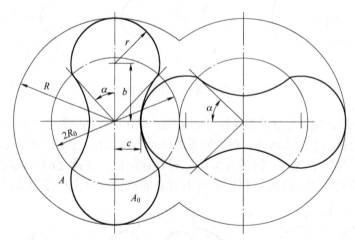

图3-9　罗茨真空泵转子型线尺寸参数

3.3　罗茨真空泵的工作原理

罗茨真空泵工作时，由于转子的转动，被抽气体由进气口吸入转子与泵体之间，这时一个转子和泵体把气体与进气口隔开，形成封闭泵腔 V_0，如图 3-10 中阴影所示。处于封闭状态的泵腔 V_0 没有压缩和膨胀。当转子的顶部转至排气口边缘时，V_0 密封空间与排气口连通，由于排气口处压力 p_V 较高，部分高压气体返流到 V_0 空间，使泵腔内的压力突然升高而达到排气压力。这就是外压缩过程。转子继续旋转，V_0 中被压缩气体被送至排气口而排出。与此同时，另一个转子与进气口相连部分则吸入气体。两个转子不断地旋转运动，实现了罗茨真空泵不间断的抽气与排气过程，这就是罗茨真空泵的工作原理。罗茨真空泵的工作过程就是转子所形成的密封空间由某一最小值增加到最大值，然后再由最大值减小到最小值的过程，这就是罗茨真空泵的容积作用原理。转子的主轴旋转一周，共排出四个 V_0 容积的气体。

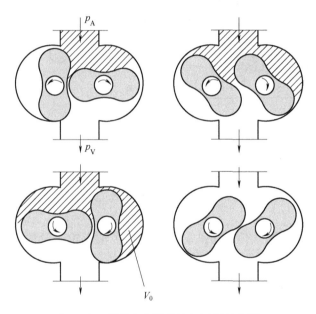

罗茨泵转速变化

图 3-10　罗茨真空泵的抽气过程示意图
p_A—进口压力　p_V—出口压力　V_0—泵腔容积

3.4　罗茨真空泵的结构特点

罗茨真空泵在较宽的压力范围内有较大的抽速，结构紧凑，占地面积小，通常为卧式结构，泵腔内气体垂直流动，有利于被抽的灰尘或冷凝物的排除。卧式罗茨真空泵结构如图 3-11 所示。进气口在上，排气口在下，泵体重心低，高速运转时稳定性好。罗茨真空泵泵腔和转子不需要用油密封和润滑，可减小油蒸气的污染，可实现清洁无污染抽气。罗茨真空泵的转子具有良好的几何对称性，再配以高精度驱动齿轮，振动小，运动平稳，运转噪声小。罗茨真空泵的转子之间以及转子与泵腔之间留有间隙且不用润滑油，故摩擦损失小，驱动功率低且转速高。罗茨真空泵无排气阀，泵腔内压缩，受气体中的灰尘和水蒸气影响很小。罗茨真空泵启动快，效率高，功耗低，维护费用低，经济性好，但其压缩比较低。

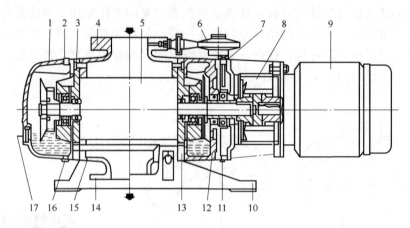

图 3-11 罗茨真空泵结构示意图

1—前端端盖 2—注油塞 3—齿轮侧轴承端盖 4—入口法兰 5—转子 6—压力传感器
7—油封处注油塞 8—笼形支架 9—电动机 10—泵底座 11—油封处放油塞 12—中间
法兰 13—马达侧轴承盖 14—出口法兰 15—泵体 16—放油塞 17—油标

罗茨真空泵大多数都采用直联式传动方式。电动机与传动齿轮一般都设置在转子轴的两侧，安装拆卸都比较方便。但是，由于主动轴传递的转矩较大，所以主动轴要有足够的强度和刚度，轴与转子之间必须固结牢靠。

罗茨真空泵的密封装置主要考虑三个部位：一是传动轴保护套外表面的密封，即传动轴外伸部分通过泵盖处的动密封，二是传动轴保护套内的密封，三是泵腔和齿轮箱盖与各端盖之间的静密封。其中，动密封最为关键，如果密封不严，则会发生泄露，从而严重影响罗茨真空泵的抽气性能。常见的动密封方式包括机械密封、石棉盘根密封、皮碗密封和反螺旋密封等。

3.5 罗茨真空泵的基本参数确定

3.5.1 几何抽速

几何抽速又称为理论抽速，是在一定转速下，单位时间所能排出的气体几何容积。几何抽速主要由设备几何尺寸和转速决定，它与真空泵吸气腔容积、转子转速以及转子旋转一周的吸、排气次数有关。但是，由于返流、泄漏以及进气通道阻力等都会导致效率损失，故几何抽速仅仅是理论上的抽速，实际上很难实现。因此，几何抽速一般都高于名义抽速（标牌上标示的抽速，简称标牌抽速）。

罗茨真空泵的几何抽速 S_{th}（单位 L/s）为

$$S_{th} = 2\pi R^2 l k_0 \frac{n}{60} \times 10^{-6} \tag{3-5}$$

式中　l——罗茨泵腔厚度，单位为 mm；

　　　k_0——转子面积利用系数；

　　　n——转速，单位为 r/min；

　　　R——转子外径，单位为 mm。

转子面积利用系数 k_0 为

$$k_0 = 1 - \frac{A_0}{\pi R^2} \tag{3-6}$$

式中　A_0——罗茨转子截面面积，单位为 mm^2。

在给定的工作条件和确定的抽速下，k_0 值越大，罗茨真空泵的尺寸和质量就越小。但是，k_0 值太大时，会导致转子强度降低。转子强度只要高于转子离心力作用而引起的断裂强度，转子就能够安全运转。

3.5.2　实际抽速

罗茨真空泵的实际抽速 S 为

$$S = \eta_V S_{th} = \eta_V 2\pi R^2 l k_0 \frac{n}{60} \times 10^{-6}$$

$$\eta_V = \lambda_g \lambda_T - \lambda_n - \lambda_H - \lambda_0$$

式中　η_V——容积效率；

　　　λ_H——从大气环境向泵的吸入腔内泄漏而导致的抽速损失所引起的系数；

　　　λ_g——泵腔吸气完成时，腔压力 p_0 与吸气管道中压力 p 之比，这是由于吸气过程对气体的节流而引起的抽速下降所引起的，$\lambda_g = p_0/p$；

　　　λ_T——吸气管内气体的温度 T 与吸气终止时泵腔内气体的温度 T_0 之比，这是由于吸气过程因气体温度升高而导致抽速下降所引起，$\lambda_T = T/T_0$；

　　　λ_n——由于排气侧向吸气侧气体的泄露而导致的抽速下降所引起的；

　　　λ_0——由于在转子之间形成的死空间内的气体由排气侧向吸入侧转移所造成的抽速损失所引起的。

$$\lambda_n = \frac{U p_V T_A}{S_{th} p_A T_V}$$

式中　U——间隙的流导;

　　　p_V——罗茨真空泵出口压力, 单位为 Pa;

　　　p_A——罗茨真空泵入口压力, 单位为 Pa;

　　　T_V——罗茨真空泵出口温度, 单位为 K;

　　　T_A——罗茨真空泵入口温度, 单位为 K。

圆弧和摆线圆弧型线的罗茨真空泵从排气侧向吸气侧转移气体的转子之间的容积为零, 故 $\lambda_0 = 0$。同时, 吸气过程对气体的节流而引起的抽速下降、吸气过程因气体温度升高而导致抽速下降以及泄漏而导致的抽速损失均可以忽略不计, 则可取 $\lambda_g = 1$、$\lambda_T = 1$ 和 $\lambda_H = 0$, 故 η_V 可简化为

$$\eta_V = 1 - \lambda_n = 1 - \frac{U p_V T_A}{S_{th} p_A T_V}$$

当罗茨真空泵的吸入压力为 133.3 ~ 1333Pa 时, 气体分子在间隙中的流动状态为分子流。间隙的流导 U 可用克努曾管道流导公式计算, 即

$$U = 36.4 \sqrt{\frac{T_V}{M}} \left[l \left(k_1 \delta_1 + 2 k_2 \delta_2 \right) + \left(2R + 2R_0 \right) \left(k_3 \delta_3 + k_4 \delta_4 \right) \right]$$

式中　　　　M——气体的分子量;

k_1、k_2、k_3、k_4——分别为型线轮廓、径向、端面固定端、端面流动端间隙的克劳辛修正系数;

δ_1、δ_2、δ_3、δ_4——分别为型线轮廓、径向、端面固定端、端面流动端的间隙, 单位为 mm。

降低罗茨真空泵间隙流导最有效的办法就是降低罗茨真空泵的排气温度, 减小各项间隙。罗茨真空泵的各项间隙由泵的制造精度和装配精度、零件的受热膨胀、作用力引起的零件变形等因素决定。其中, 零件的受热膨胀对各项间隙的影响最大。

3.5.3　有效抽气量

罗茨真空泵的有效抽气量 Q_{eff} 等于理论抽气量 Q_{th} 与返流量 Q_V 之差, 即

$$Q_{eff} = Q_{th} - Q_V = p_A S_{th} - U \left(p_V - p_A \right) - S_r p_V$$

式中　S_r——转子返流速率。

罗茨真空泵的返流量由两部分组成: 一部分是转子与泵体之间的间隙泄漏量, 还有一部分是由于罗茨真空泵的转子在高速旋转下, 并没有能够把吸入的气体全部排到前级侧, 而再次带入高真空侧所引起的返流。这是由两转子啮合

处的空腔容积（即所谓的有害空间）内的气体被带回真空侧而引起的返流，该返流量即为 $S_r p_V$ 部分。

3.5.4　零流量时压缩比

罗茨真空泵的零流量压缩比是指进气管路关闭后，在罗茨真空泵的入口气体流量 $Q_{eff}=0$ 时，其出口压力与入口压力的最大比值，用 k_0 表示。

$$k_0 = \frac{p_V}{p_A} = \frac{S_{th}+U}{S_r+U}$$

当罗茨真空泵的进气管路被关闭后，其入口就不会有新的气体进入。在理想状态下，当原有的气体被排空之后，罗茨真空泵入口处就会呈绝对真空状态，压力消失。但是，罗茨真空泵会出现返流、泄漏等现象，因泄漏与返流等会使少部分气体返回到入口，并形成压力。可见，罗茨真空泵的零流量压缩比反映的是其本身的抽速与它的返流、泄漏量的比例关系，也就是罗茨真空泵的抽气效率。零流量压缩比越大，表明气体的泄漏和返流量越少。反之，则表明罗茨真空泵的泄漏和返流严重，效率会随之降低。

3.5.5　有效压缩比

在罗茨真空泵与前级泵串联使用时，若前级泵的抽速为 S_V，罗茨真空泵的抽速为 S_A，则根据连续性方程可知串联的两个泵的抽气量是相等的，罗茨真空泵的出口压力 p_V 与前级泵的入口压力 p_A 相等，即

$$S_A p_A = S_V p_V$$

有效压缩比 k_{eff} 为

$$k_{eff} = \frac{p_V}{p_A}$$

理论压缩比 k_{th} 为

$$k_{th} = \frac{S_{th}}{S_V}$$

3.5.6　功率

罗茨真空泵的功率由压缩功和摩擦功所决定。

压缩气体的有用功率 P_i（kW）为

$$P_i = S_{th}(p_V - p_A) \times 10^{-6}$$

罗茨真空泵的功率 P 就是有用功率 P_i 与机械效率 η_M 的比值，即

$$P = \frac{P_i}{\eta_M}$$

其中，$\eta_M = 0.5 \sim 0.85$，该机械效率考虑了罗茨真空泵的热力损失、气体动力损失和机械损失。

3.6 罗茨真空泵设计案例

本案例以双叶直齿圆弧型线转子罗茨泵为例，进行分析计算。

设计的双叶转子罗茨泵满足以下要求：

1）几何抽速 S_{th}：150L/s。

2）转速 n：2880r/min。

3）罗茨泵腔厚度 l：110mm。

4）转子叶数：2。

5）泵不应出现漏油现象。

3.6.1 转子型线计算

对于双叶转子的罗茨泵，主轴旋转一周，共排出四个吸气腔的体积，则几何抽速理论计算式（3-5）可推导为

$$S_{th} = 4Al\frac{n}{60} \times 10^{-6} \qquad (3-7)$$

由式得：$A = 7102.273\text{mm}^2$。

圆弧型线转子如图 3-9 所示，式（3-1）、式（3-2）和式（3-3）和下列取值范围显示了各参数尺寸关系：

$$\frac{R}{R_0} = 1.2368 \sim 1.6698 \qquad (3-8)$$

$$\frac{b}{R_0} = 0.5 \sim 0.9288 \qquad (3-9)$$

取 $\dfrac{R}{R_0} = 1.6$，$\dfrac{b}{R_0} = 0.85$，则 $c = 0.4R_0 \in [0.3302,\ 0.7632]\ R_0$，$r = 0.75R_0$。

吸气腔截面面积 A 可推算为：

$$A = \frac{\pi R^2}{2} - \frac{A_0}{2}$$

$$\approx \frac{\pi(1.6R_0)^2}{2} - \frac{(0.8+\sqrt{2})R_0^2}{2\sqrt{2}} - \frac{(0.9-1/\sqrt{2})R_0^2}{\sqrt{2}} - \left(0.5 + \frac{2\arcsin\dfrac{0.9-1/\sqrt{2}}{0.7}}{360}\right)\pi(0.7R_0)^2 \qquad (3-10)$$

解得：$R_0 = 56.88\text{mm}$，取 $R_0 = 58\text{mm}$。

根据式（3-1）～式（3-3）得

$R = 92.8\text{mm}$，$b = 49.3\text{mm}$，$c = 23.2\text{mm}$，$r = 43.5\text{mm}$。

3.6.2　转子型线绘制

如图 3-9 所示，圆弧型线转子的曲线组成包括位于节圆外侧的齿顶曲线和位于节圆内侧的齿根曲线，齿顶曲线是一段圆弧，齿根曲线是圆弧的共轭曲线。

转子齿顶曲线方程：

$$x_1 = b + r\cos t$$
$$y_1 = -r\sin t \tag{3-11}$$

共轭曲线方程：

$$x_2 = -2R_0\cos\varphi + b\cos(2\varphi) + r\cos(t + 2\varphi)$$
$$y_2 = 2R_0\sin\varphi - b\sin(2\varphi) - r\sin(t + 2\varphi) \tag{3-12}$$
$$R_0\sin\varphi\cos t - (b - R_0\cos\varphi)\sin t = 0 \tag{3-13}$$

式中　φ——转子的转角。

图 3-12 为按照上述罗茨泵转子参数建立的三维几何模型。

图 3-12　罗茨真空泵转子三维模型

3.6.3　抽速验证

通过建立的转子型线模型，得罗茨转子截面面积 $A_0 = 12659.8\text{mm}^2$。

转子面积利用系数 k_0

$$k_0 = 1 - \frac{A_0}{\pi R^2} \tag{3-14}$$

得 $k_0 = 0.532$。

代入式（3-5）得，几何抽速 $S_{\text{th}} = 152\text{L/s}$，满足设计要求。

习 题

3-1 根据泵体结构的不同，罗茨真空泵可分为几种类型？是否都需要加前级泵？为什么？

3-2 分析罗茨真空泵转子叶数对真空泵性能的影响。

3-3 某款罗茨真空泵的几何抽速 $S_{th} = 125L/s$，试计算下列三种情况下的几何抽速。

1）当转速提高一倍时。

2）当转子长度缩短一半时。

3）当转子半径增加一倍时。

3-4 已知某罗茨真空泵的几何抽速为 500L/s，转速为 2800r/min，转子长度为 250mm。试设计一个双叶罗茨真空泵转子。要求验算得到的几何抽速与已知几何抽速误差小于 5%。

第 **4** 章　螺杆真空泵

【学习导引】

　　本章使读者了解螺杆真空泵的结构、工作原理，及关键零部件——螺杆转子型线的生成与基本参数确定。扫描书中对应二维码查看螺杆真空泵工作过程动图能有效帮助读者理解其工作原理。学习本章应重点关注如下三点：①双螺杆真空泵转子耦合与抽气原理；②转子型线生成的基本方法；③几何抽速的计算。

　　螺杆真空泵又称为干式螺杆真空泵、无油螺杆真空泵、无油干式螺杆真空泵、螺旋真空泵等，它是一种非接触旋转式变容真空泵，不使用任何液体作为密封液，工作腔无需润滑油，是油封式真空泵、液环真空泵、往复式变容真空泵等液封真空泵的更新换代产品，适用于抽除含有大量水蒸气及少量粉尘的气体，也能够抽除工艺流程中多余的溶剂，清洁无污染。螺杆真空泵如图 4-1 所示。

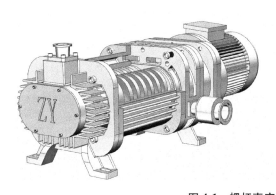 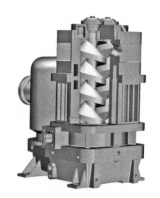

图 4-1　螺杆真空泵

　　螺杆真空泵与螺杆泵同属于旋转式容积泵，但二者的用途不同，螺杆真空泵用于输送气体，而螺杆泵用于输送液体。

4.1 螺杆真空泵的种类

4.1.1 基于螺杆数量不同的分类

根据螺杆数量的不同，螺杆真空泵可分为单螺杆真空泵、双螺杆真空泵、三螺杆真空泵等。通常情况下，螺杆真空泵指的是双螺杆真空泵，单螺杆真空泵和三螺杆真空泵并不常见。

1. 单螺杆真空泵

单螺杆真空泵是一种内啮合旋转式变容螺杆真空泵，它的主要工作部件是偏心外螺纹转子和固定的内螺纹定子。固定的内螺纹定子是具有特殊形状的衬套，通常是由弹性材料制成的双螺旋定子。转子围绕定子的轴线做行星旋转运动，并始终与定子保持啮合。在定子和转子之间形成数个单独的密封空腔，转子的螺旋转动将各密封腔内的气体从吸入端连续不断地输送到排出端。单螺杆真空泵流量均匀、传输压力稳定且不破坏传输介质的固有结构，特别适合抽除高黏度或含有颗粒以及纤维的气体。图4-2所示为一种单螺杆真空泵，它由一根螺杆和两个星轮组成，主要由连接筒、螺杆、星轮体和机壳构成。连接筒与机壳相互垂直且连通，螺杆安装在连接筒内，且螺杆的端部置于机壳侧面的前轴承座内，完成与机壳的转动连接，螺杆的表面设有多个螺旋状的螺槽，且螺杆的螺槽部分置于机壳内，机壳在螺杆的两侧均设有星轮体，星轮体外圆

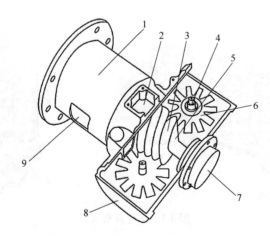

图4-2 一种单螺杆真空泵结构示意图

1—连接筒 2—主机进油孔 3—螺槽 4—星轮轴承 5—螺杆 6—星轮体

7—前轴承座 8—机壳 9—联轴器让位

周上的叶片置于螺槽内，星轮体通过星轮轴承与机壳转动连接。另外，机壳在对应螺槽端部的位置处分别开设有进气口和出气口，进气口和出气口均与螺槽连通。

2. 双螺杆真空泵

双螺杆真空泵是一种外啮合的旋转式变容螺杆真空泵，它有两根尺寸相同的螺杆轴，一根是主动轴，另一根是从动轴，双螺杆转子通过齿轮传动实现同步反向旋转而完成吸气和排气过程。双螺杆真空泵的螺杆之间以及螺杆与泵腔之间均留有间隙，相互之间均不接触，因此双螺杆真空泵工作时无摩擦，运转平稳，噪声低，工作腔无需润滑油及其他工作介质，适用于抽除含有大量水蒸气及少量粉尘的气体，清洁环保无污染，极限真空度较高，适用于中、低真空，与罗茨真空泵串联可组成无油中真空机组，与分子真空泵串联可组成无油高真空机组。如图 4-3 所示，双螺杆真空泵内两螺杆平行安装，一为右旋，一为左旋，两螺杆转子通过一对齿轮保持同步反向旋转，两个转子与泵体之间形成多个密封腔，密封腔的个数等于转子的螺旋圈数，这些密封腔有规律地从进气口侧向排气口侧"移动"，持续地将气体抽除而不改变气体的流动方向。

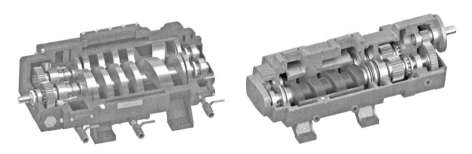

图 4-3　双螺杆真空泵结构示意图

3. 三螺杆真空泵

三螺杆真空泵（图 4-4）的主要工作部件是一根主动螺杆（驱动螺杆）和两根与其啮合的从动螺杆，主动螺杆设置在两从动螺杆之间，通过联轴器与电动机转轴连接，电动机带动主动螺杆转动，与主动螺杆啮合的一对从动螺杆也随之转动。主动螺杆和两从动螺杆之间均留有很小的缝隙，三根互相啮合的螺杆在泵缸内按每个导程形成一个密封腔，并形成吸排口之间的密封，螺杆转动时完成吸气到排气的过程。其结构如图 4-5 所示，主要包括电动机、两两啮合的螺杆、泵套、轴承、联轴器、齿轮和油箱等。其中，主动螺杆连接第二齿轮，从动螺杆分别连接第一齿轮和第三齿轮，三个齿轮亦两两啮合，主动螺杆输入端通过联轴器连接电动机。

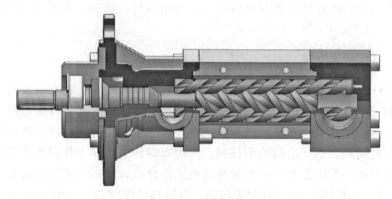

图 4-4　三螺杆真空泵

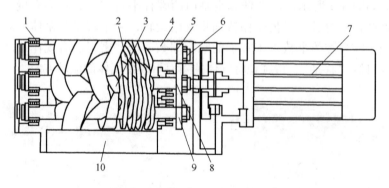

图 4-5　三螺杆真空泵结构示意图

1—轴承　2—从动螺杆　3—主动螺杆　4—油箱　5—第一齿轮　6—联轴器
7—电动机　8—第二齿轮　9—第三齿轮　10—泵套

4.1.2　基于螺杆头数不同的分类

　　根据螺杆头数的不同，螺杆真空泵可分为单头螺杆真空泵与多头螺杆真空泵。一般而言，单头螺杆导程与螺距是对应相等的，而多头螺杆的导程与螺距是不同的。双头螺杆的导程与螺距如图 4-6 所示，双头螺杆转子的导程 P 是螺距 L 的 2 倍，螺杆转子每旋转一圈，可以完成两次吸排气过程，效率提高 1 倍。

　　多头螺杆转子如图 4-7 所示，它可在一个导程内完成吸排气全过程，因而具有导程少、抽气量大的特点，故可减少泵的体积与重量。但是，多头螺杆型线复杂，加工中需要使用特制刀具，加工困难，成本较高，且在运行时比单头螺杆泄漏多，故多头螺杆真空泵的极限真空度相对较低，不如单头螺杆真空泵。

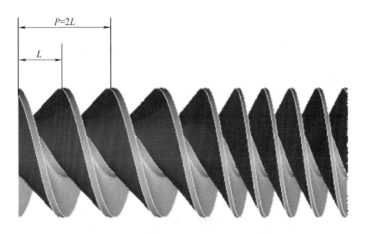

图 4-6　双头螺杆转子导程与螺距示意图

图 4-7　多头螺杆示意图

单头螺杆转子因无法在一个导程内完成吸排气过程，故需要增加螺杆转子的长度，中小型螺杆真空泵往往采用单头螺杆转子。同时，由于单头螺杆真空泵具有转子结构简单、容易加工、运行时泄漏少且极限真空度高等优点，故单头螺杆真空泵应用比多头螺杆真空泵广泛。目前，大多数螺杆真空泵的转子均采用单头螺杆设计。

4.1.3　基于气体压缩方式不同的分类

根据气体压缩方式的不同，螺杆真空泵可分为内部压缩型螺杆真空泵和外部压缩型螺杆真空泵。

1. 内部压缩型螺杆真空泵

内部压缩型螺杆真空泵又称为变螺距螺杆真空泵，如图 4-8 所示，其主要工作部件是两根反向旋转的变螺距螺杆。变螺距螺杆的螺距从吸气端到排气端按变螺距系数变化，大导程一端对应于吸气口。开始吸气时吸气量大，在螺杆转动过程中运动的封闭腔逐渐变小，气体被压缩。变螺距螺杆真空泵具有内压缩功能——气体在输送过程中在泵腔内部逐渐被压缩，因而称为内部压缩型螺杆真空泵。变螺距螺杆真空泵具有节能降噪的功用，它还具有排气温度更低、抽气效率更高的优点。但是，变螺距螺杆真空泵的被压缩气体可能发生液化或固化现象。

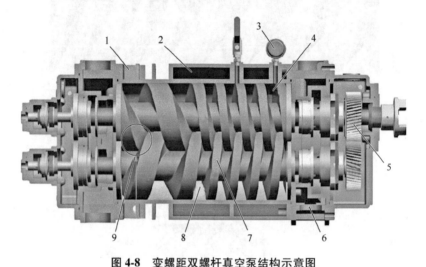

图 4-8　变螺距双螺杆真空泵结构示意图
1—泵体　2—夹套　3—气体通过掺入口　4、8—密封腔　5—齿轮
6—排气口　7—螺杆转子　9—吸气口

　　变螺距转子是变螺距螺杆真空泵最重要的部件，按螺距变化方式，变螺距螺杆转子可以分为三种类型，即一段式结构转子、二段式结构转子和三段式结构转子，如图 4-9 所示。一段式转子是指螺杆转子由一段渐变螺距构成，其螺距从进气端到排气端逐渐减小。二段式转子是指螺杆转子由二段不同螺距构成，二段螺距不同，其进气端的螺距比排气端的螺距大。三段式转子是指螺杆转子由三段不同螺距构成，第一、三段为等螺距，第二段为渐变螺距，其螺距从进气端（第一段）到排气端（第三段）由大到小。

2. 外部压缩型螺杆真空泵

　　外部压缩型螺杆真空泵又称为等螺距螺杆真空泵（图 4-10），其主要工作部件是两根反向旋转的等距螺杆（图 4-11）。等螺距螺杆真空泵的螺距间容积均相同，被吸入的气体随螺杆转动被输送至排气口的过程中因容积没有变化而未被

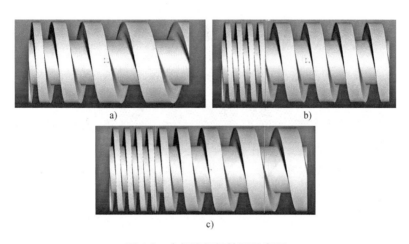

图 4-9　变螺距螺杆转子示意图

a）一段式变螺距转子　b）二段式变螺距转子　c）三段式变螺距转子

压缩。但是，这样的气体通路最短最简单，气体在泵体内停留的时间也短，气体具有极高的稳定性。

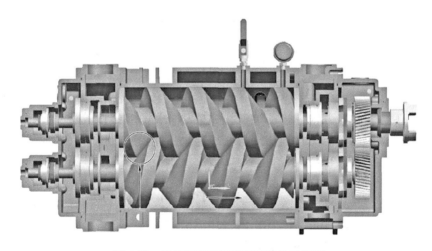

图 4-10　等螺距双螺杆真空泵结构示意图

　　螺杆真空泵使用时经常填充氮气，在泵腔内壁形成微弱的保护气膜，这样可延缓腐蚀性气体对泵的腐蚀，从而延长螺杆真空泵的使用寿命。外部压缩型螺杆真空泵氮气用量极少甚至可以不用，因此在需要控制和减少氮气用量的场合，常采用外部压缩型螺杆真空泵。在不需要减少氮气用量而需要减少耗电量的场合，常使用内部压缩型螺杆真空泵。

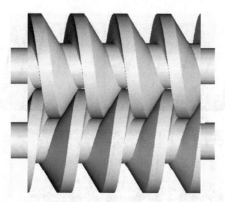

图 4-11　等螺距双螺杆啮合示意图

4.2　螺杆真空泵的工作原理

　　螺杆真空泵的工作原理主要是利用齿轮传动同步反向旋转的相互啮合而互不接触的螺杆做高速转动，螺杆与泵体之间始终保持一定间隙，泵体和相互啮合的螺杆将螺旋槽分隔成多个空间、多个级（螺杆真空泵的一个导程相当于一个级，多个导程的螺杆真空泵相当于多级真空泵串联，有多少个导程就有多少个级）。气体在各级之间沿轴向进行传输直至排气口。各级之间无内部通道，无内压缩（变螺距螺杆真空泵除外），只有螺杆最末端的螺旋结构对气体才有压缩作用，从而使吸入的气体平稳地加压至高于排出口处的气体压力而被排出。

　　螺杆真空泵在吸气前，齿前端型线完全啮合，随着螺杆转子开始转动，齿的一端逐渐脱离啮合状态形成齿间容积，这个齿间容积逐渐扩大形成一定的真空，而此齿间容积又仅与吸气口连通，因此气体便在压差的作用下逐渐流入其中。随着转子旋转此齿间容积逐渐变大，至齿间容积最大时，此齿间容积与吸气口断开，吸气结束。随着螺杆转子继续旋转，齿间容积与排气通道连通，随着齿间容积的不断变小，齿间容积内气体逐渐通过排气通道被排出，排气过程一直持续到齿末端型线完全啮合，齿间容积归零，其中的气体被完全排出。其中，变螺距螺杆真空泵在吸气与排气过程中，气体是逐渐被压缩的。

4.2.1　吸气过程

　　螺杆真空泵的吸气过程如图 4-12 所示。阳转子按逆时针方向旋转，阴转子按顺时针方向旋转。图中上方的转子端面是吸气端面，下方的端面为排气端面。吸气过程初始时，螺杆齿前端的型线完全啮合，且即将与吸气口连接。随着转子

螺杆真空泵

开始转动，由于齿的一端逐渐脱离啮合而形成了齿间容积，随着齿间容积的逐渐扩大，在其内部形成了一定的真空，而此齿间容积又仅与吸气口连通，故进气口处气体在压差作用下流入其中，如图 4-12b 中阴影部分所示。螺杆转子继续旋转，阳转子齿不断从阴转子齿的齿槽中脱离出来，齿间容积不断扩大，并与吸气孔口保持连通。吸气过程结束时的转子位置如图 4-12c 所示，其最显著的特点是齿间容积达到最大值。随着转子的旋转，齿间容积不会再增加。齿间容积在此位置与吸气孔口断开，吸气过程结束。

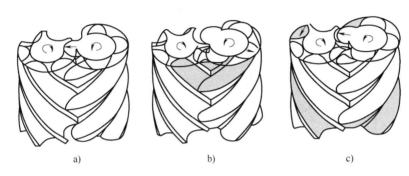

图 4-12　螺杆真空泵的吸气过程

a）吸气过程初始　b）吸气过程　c）吸气过程结束

4.2.2　压缩过程

螺杆真空泵的压缩过程如图 4-13 所示。阳转子沿顺时针方向旋转，阴转子沿逆时针方向旋转。上方的转子端面是吸气断面，下方的端面为排气端面。螺杆真空泵压缩过程即将开始时，气体被转子齿和机壳包围在一个封闭的空间中，齿间容积由于转子齿的啮合就要开始减小。随着转子的旋转，齿间容积由于转子齿的啮合而不断减小。被密封在齿间容积中的气体所占据体积也随之减小，

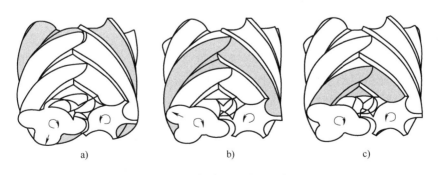

图 4-13　螺杆真空泵的压缩过程

a）压缩过程初始　b）压缩过程　c）压缩结束排气开始

导致压力升高，从而实现气体的压缩过程。压缩过程一直持续到齿间容积即将与排气孔口连通之前，压缩过程结束。

4.2.3 排气过程

螺杆真空泵的排气过程如图 4-14 所示。齿间容积与排气孔口连通后，即开始排气过程。随着齿间容积的不断缩小，具有排气压力的气体逐渐通过排气孔口被排出。这个过程一直持续到齿末端的型线完全啮合。此时，齿间容积内的气体通过排气孔口被完全排出，封闭的齿间容积的体积变为零，排气过程结束。

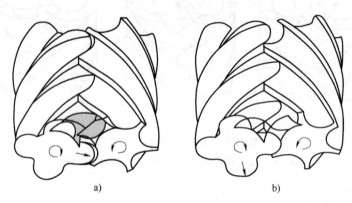

a)   b)

图 4-14 螺杆真空泵的排气过程

a）排气过程 b）排气结束

4.3   螺杆转子端面型线

从螺杆转子端面看到的转子齿形，即螺杆转子螺旋面与垂直于转子轴的截面的交线，称为螺杆转子型线。由于转子型线做螺旋运动就形成了转子的齿面，故又把转子型线称为端面型线。

螺杆转子端面型线对于螺杆真空非常重要，它直接影响螺杆真空泵的密封性、效率、面积利用系数等工作性能，同时亦影响螺杆真空泵的加工成本。螺杆真空泵螺杆转子端面型线一般是由摆线、圆弧、渐开线等组合而成，如图 4-15 所示。

常用的螺杆真空泵转子端面型线有梯形型线和矩形型线两种，这些型线构成的螺杆转子满足啮合传动规律且互为共轭，从而形成一个密封腔，实现良好的密封性能，减小泵的泄漏。

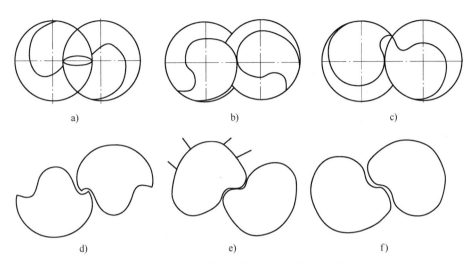

图 4-15　螺杆真空泵转子端面型线示意图

a）日本大晃公司　b）德国里奇乐托马斯公司　c）日本荏原公司

d）汉钟精机公司　e）螺杆爪形型线　f）自共轭型线

4.3.1　单头梯形型线

梯形螺杆转子端面型线是由单一摆线（1—2）、齿顶圆（2—3）、渐开线（3—4）和齿根圆（4—1）组成，如图 4-16 所示。

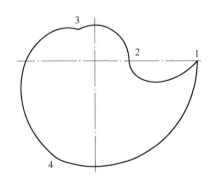

图 4-16　梯形螺杆转子端面型线示意图

1. 梯形型线方程

1）1—2 摆线段方程

$$r_1 = [R_F, R_A]$$

$$\theta_1 = \arccos \frac{4R_E^2 + R_A^2 - r_1^2}{4R_E R_A} - \arccos \frac{4R_E^2 - R_A^2 + r_1^2}{4R_E r_1} < 0 \qquad (4\text{-}1)$$

2）4—1 齿根圆方程

$$r_2 = R_F$$

$$\theta_2 = \left[0, \sqrt{\left(\frac{R_F}{R_0}\right)^2 - 1} - \arctan\sqrt{\left(\frac{R_F}{R_0}\right)^2 - 1} - \sqrt{\left(\frac{R_E}{R_0}\right)^2 - 1} + \arctan\sqrt{\left(\frac{R_E}{R_0}\right)^2 - 1} + \pi \right]$$

(4-2)

3）3—4 渐开线方程

$$r_3 = [R_F, R_A]$$

$$\theta_3 = \sqrt{\left(\frac{r_3}{R_0}\right)^2 - 1} - \arctan\sqrt{\left(\frac{r_3}{R_0}\right)^2 - 1} - \sqrt{\left(\frac{R_E}{R_0}\right)^2 - 1} + \arctan\sqrt{\left(\frac{R_E}{R_0}\right)^2 - 1} + \pi$$

(4-3)

4）2—3 齿顶圆方程

$$r_4 = R_A$$

$$\theta_4 = \left[\sqrt{\left(\frac{R_A}{R_0}\right)^2 - 1} - \arctan\sqrt{\left(\frac{R_A}{R_0}\right)^2 - 1} - \sqrt{\left(\frac{R_E}{R_0}\right)^2 - 1} + \arctan\sqrt{\left(\frac{R_E}{R_0}\right)^2 - 1} + \pi, 2\pi \right]$$

(4-4)

式中　R_A——齿顶圆半径，单位为 mm；

　　　R_F——齿根圆半径，单位为 mm；

　　　R_E——节圆半径，$R_E = (R_A + R_F)/2$，单位为 mm；

　　　R_0——基圆半径，单位为 mm。

2. 梯形轴向方程

$$r = R_A$$
$$\theta = [0, n2\pi]$$
$$z = r\theta$$

(4-5)

式中　n——级数。

4.3.2　矩形型线

矩形螺杆转子端面型线是由外摆线（1—2）、内摆线（2—3）、齿根圆（3—4）、内摆线（4—5）、外摆线（5—6）、齿顶圆（6—1）组成，如图 4-17 所示。

1. 矩形型线方程

1）1—2 外摆线方程

$$x_1 = \frac{1}{4}(R_F + 3R_A)\cos t_1 - \frac{1}{4}(R_A - R_F)\cos\left(\frac{R_F + 3R_A}{R_A - R_F} t_1\right)$$

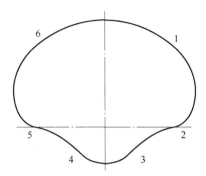

图 4-17　矩形螺杆转子端面型线示意图

$$y_1 = \frac{1}{4}(R_F + 3R_A)\sin t_1 - \frac{1}{4}(R_A - R_F)\sin\left(\frac{R_F + 3R_A}{R_A - R_F}t_1\right) \tag{4-6}$$

$$t_1 = \left[0, \frac{R_A - R_F}{R_A + R_F}\frac{\pi}{2}\right]$$

2）2—3 内摆线方程

$$x_2 = \frac{1}{4}(3R_F + R_A)\cos t_2 + \frac{1}{4}(R_A - R_F)\cos\left(\frac{3R_F + R_A}{R_A - R_F}t_2\right)$$

$$y_2 = \frac{1}{4}(3R_F + R_A)\sin t_2 + \frac{1}{4}(R_A - R_F)\sin\left(\frac{3R_F + R_A}{R_A - R_F}t_2\right) \tag{4-7}$$

$$t_2 = \left[-\frac{R_A - R_F}{R_A + R_F}\frac{\pi}{2}, 0\right]$$

3）3—4 齿根圆方程

$$x_3 = R_F \cos t_3$$

$$y_3 = R_F \sin t_3 \tag{4-8}$$

$$t_3 = \left[-\pi + \frac{R_A - R_F}{R_A + R_F}\frac{\pi}{2}, -\frac{R_A - R_F}{R_A + R_F}\frac{\pi}{2}\right]$$

4）4—5 内摆线方程

$$x_4 = -\frac{1}{4}(3R_F + R_A)\cos t_4 - \frac{1}{4}(R_A - R_F)\cos\left(\frac{3R_F + R_A}{R_A - R_F}t_4\right)$$

$$y_4 = \frac{1}{4}(3R_F + R_A)\sin t_4 - \frac{1}{4}(R_A - R_F)\sin\left(\frac{3R_F + R_A}{R_A - R_F}t_4\right) \tag{4-9}$$

$$t_4 = \left[-\frac{R_A - R_F}{R_A + R_F}\frac{\pi}{2}, 0\right]$$

5) 5—6 外摆线方程

$$x_5 = -\frac{1}{4}(3R_F + R_A)\cos t_5 + \frac{1}{4}(R_A - R_F)\cos\left(\frac{3R_F + R_A}{R_A - R_F}t_5\right)$$

$$y_5 = \frac{1}{4}(3R_F + R_A)\sin t_5 - \frac{1}{4}(R_A - R_F)\sin\left(\frac{3R_F + R_A}{R_A - R_F}t_5\right) \quad (4\text{-}10)$$

$$t_5 = \left[0, \frac{R_A - R_F}{R_A + R_F}\frac{\pi}{2}\right]$$

6) 6—1 齿顶圆方程

$$x_6 = R_A\cos t_6$$

$$y_6 = R_A\sin t_6 \quad (4\text{-}11)$$

$$t_6 = \left[\frac{R_A - R_F}{R_A + R_F}\frac{\pi}{2}, \pi - \frac{R_A - R_F}{R_A + R_F}\frac{\pi}{2}\right]$$

式中　R_A——齿顶圆半径，单位为 mm；

　　　R_F——齿根圆半径，单位为 mm。

2. 矩形轴向方程

$$r = R_A$$

$$\theta = [0, n2\pi] \quad (4\text{-}12)$$

$$z = r\theta$$

式中　n——级数。

4.3.3　螺杆转子三维模型建模案例

螺杆真空泵的组成中有两个转子，分别为阳转子与阴转子，转子端面型线相同，旋向不同。参照表 4-1 中的转子参数，根据上述转子端面型线公式建立了如图 4-18 所示的螺杆转子三维几何模型。

表 4-1　转子参数表

参　　数	尺　　寸
齿顶圆半径	104mm
齿根圆半径	35mm
基圆半径	27mm
导程长度	140mm
级数	4

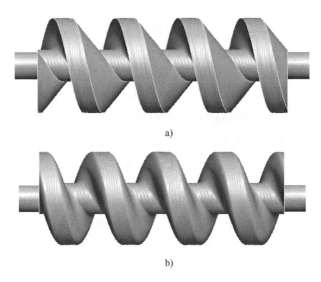

图 4-18　螺杆转子三维几何模型

a）梯形螺杆转子　b）矩形螺杆转子

4.4　螺杆真空泵的基本参数确定

4.4.1　螺杆长度、螺纹升角与导程

螺杆真空泵的螺杆可以做得很长，这样可以减少气体向吸入腔的泄漏，但是，螺杆转子过长会导致其强度和刚度下降，因此，螺杆转子并非越长越好。为了保证螺杆真空泵工作过程中至少有一条密封线来隔离泵的吸气口和排气口，螺杆与泵腔的长度 L 最小应大于形成两条密封线之间的轴向距离。以从动螺杆上齿面与主动螺杆下齿面所对应的理想无间隙啮合面，在转子排气端面节圆圆周上的切入点为起始位置（即 $\theta = 0$），该啮合面在转子吸气端面的终止角度为

$$\theta = 2n\pi$$

则螺杆转子长度 L 为

$$L = nP_0(1 + 2\pi\alpha n) \tag{4-13}$$

式中　P_0——转子排气端（小端）端面导程，单位为 mm；

　　　α——变螺距系数，对于等螺距螺杆，$\alpha = 0$。

变螺距螺杆上下齿面上不同位置处的导程或螺纹升角均不同，按照型线方程加工出来的螺杆，其轴向任一位置处（以转角 θ 标记）的齿顶圆上的螺纹升角 ϕ 为

63

$$\phi = \arctan\left[\frac{P_0}{\pi D}(1+2\alpha\theta)\right]$$

式中 D——齿顶圆直径，单位为 mm。

根据型线方程形式，取主动螺杆下齿面与分度圆中心线交点为 z 坐标轴的原点 O，转子每经过一个完整的周期 2π 时，对应的齿面上的两点在 z 坐标轴上的间距即为一个导程。由于变螺距系数 α 的存在，螺杆的每一个导程均不相等，从原点 O 处向吸气端逐渐增大，导程的增长遵循

$$P(\theta) = P_0(1+2\alpha\theta) \tag{4-14}$$

在级数一定的情况下，螺杆末端导程过大，会使螺杆长度明显增加，并且螺距增长太快，会导致螺杆间的泄漏增大。

导程的变化由变螺距系数控制，相对于等螺距型线而言，变螺距型线提高了在同等转速下泵的抽气速率和压缩比。这是因为转子大导程一端对应泵的吸气口，则开始时的吸气量大，随着转子旋转，螺杆啮合的封闭空间的体积逐渐缩小，实现了对气体的压缩，到达排气口时气体体积最小，达到一定的压力则可以将气体顺利排出。这样就减少了排气的喘振和发热，降低了噪声。结构设计时，通常根据加工设备和名义抽速的要求，来确定小端导程 P_0。

结构设计时各几何参数的确定原则为：齿根圆直径 d 主要由螺杆转子的结构与强度所决定，齿顶圆直径 D 要由几何抽速计算得出，齿顶间隙 f 和齿侧间隙 g 由螺杆材料的变形和尺寸加工精度所决定，在保证无装配磨损和热胀卡死的前提下，尽可能取较小的值。两螺杆中心距，亦即是转子螺齿节圆直径 e，与 D、d、f 间应满足如下关系：

$$e = \frac{D+d+f}{2}$$

4.4.2 面积利用系数

两螺杆转子啮合重合截面如图 4-19 所示，两螺杆啮合处的阴影部分为损失容积，即在一个完整周期（2π）内，两螺杆间的实际有效抽气面积等于环形部分面积减去啮合重叠部分的面积。计算面积利用系数只需计算径向截面的非阴影部分的面积比率即可，而忽略转子的齿顶和齿侧间隙，则面积利用系数 K 推导如下：

$$K = \frac{S_{环} - S_{阴影}}{S_{环}}$$

$$S_{阴影} = 2\times(S_{扇形} - S_{\triangle AOB}) = \frac{D^2}{4}(\varphi - \sin\varphi)$$

$$S_环 = \frac{\pi}{4}(D^2 - d^2)$$

$$\varphi = 2\arccos\frac{e}{D}$$

由上面四个公式可以推导出面积利用系数为

$$K = \frac{2D^2}{\pi(D^2 - d^2)}\left[\frac{\pi}{2} - \frac{\pi}{2}\left(\frac{d}{D}\right)^2 - \arccos\frac{e}{D} + \frac{e\sqrt{D^2 - d^2}}{D^2}\right] \tag{4-15}$$

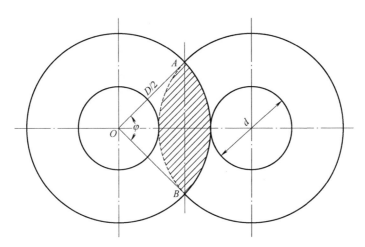

图 4-19　螺杆啮合重合阴影截面示意图

4.4.3　吸气容积与几何抽速

变螺距梯形齿型线是利用螺旋沟槽与泵腔内壁形成的封闭空间来完成抽气的。在抽气过程中，除了螺杆啮合处重合部分外，其他环形体积均为螺杆的有效抽气体积。若螺旋沟槽（宽度为 l）从内半径 $\frac{d}{2}$ 变化到外半径 $\frac{D}{2}$，则一个旋转周期内的螺旋沟槽环形体积为

$$V = \int_{\frac{d}{2}}^{\frac{D}{2}} \int_{2(n-1)\pi}^{2n\pi} rl\,\mathrm{d}\theta\,\mathrm{d}r$$

式中　n——转子级数。

如果忽略各螺杆转子的间隙值，经过计算可得

$$V = \frac{\pi}{8}P_0(D^2 + d^2) + \frac{\pi}{48}(\tan\gamma + \tan\beta)(D - d)^3$$

式中　γ——从动螺杆下齿面倾角，等于主动螺杆上齿面倾角；
　　　β——从动螺杆上齿面倾角，等于主动螺杆下齿面倾角。

经整理换算后，几何抽速 S_{th} 计算公式为

$$S_{th} = \frac{25}{3}D^2 n \left[P_0 + \frac{1}{6}(\tan\gamma + \tan\beta)\frac{(D-d)^2}{D+d} \right] \left[\frac{\pi}{2} - \frac{\pi}{2}\left(\frac{d}{D}\right)^2 - \arccos\frac{e}{D} + \frac{e\sqrt{D^2-e^2}}{D^2} \right]$$

（4-16）

式中　n——转子转速。

泵的实际抽速比几何抽速要小，这是由于泵腔内级间返流泄漏所致。一般而言，D 和 e 多取经过圆整的数值，d 由几何抽速 S_{th} 的上述计算公式计算得出，上下齿面的倾角 β、γ 的取值则要多方面考虑确定。从几何抽速公式看，加大 β、γ 有利于提高几何抽速，但也会增大级间泄漏以及返流量。同时，需要注意齿面倾角存在一个最小临界值，β 和 γ 的取值不能小于最小临界值，否则会导致螺杆转子间齿面干涉而无法转动。此外，还需要注意齿顶圆上齿宽也不能过窄，否则会降低螺杆转子与泵腔内壁之间的密封性。

4-1　为什么大多数螺杆真空泵的转子均采用单头螺杆设计？

4-2　等距螺杆真空泵和变距螺杆真空泵的优缺点是什么？

4-3　已知齿顶圆半径为 74mm，齿根圆半径 31mm，基圆半径 20mm，导程长度 88mm，级数 5 级，试设计一根梯形或矩形螺杆转子的三维模型。

4-4　已知齿顶圆半径为 52mm，齿根圆半径 26mm，忽略间隙大小，计算其面积利用系数。在齿根圆半径不变的情况下，如何调整结构参数使面积利用系数提高 15% 左右。

4-5　试查找资料，给出几种其他类型的转子端面型线。

第**5**章 液环真空泵

【学习导引】

　　本章使读者了解液环真空泵的结构、工作原理、性能特点和效率、汽蚀、极限压力。扫描书中对应二维码可查看液环真空泵工作原理动图。学习本章重点关注如下四点：①深入领会液环真空泵完成一个吸气-排气过程中，吸入气体的扩散和压缩过程；②计算液环真空泵几何抽速要正确理解工作腔内最大几何容积；③液环真空泵的极限压力受限于液体介质的汽蚀现象；④液环真空泵的轴功率和效率。

　　液环真空泵简称液环泵，它是一种粗真空获得设备。液环真空泵的转子旋转时，把液体抛向泵壳并形成与泵壳同心的液环，液环同转子叶片形成容积周期变化的旋转变容真空泵。液环真空泵所使用的液体通常为水或变压器油，使用水作为工作液的称为水环真空泵，使用变压器油作为工作液的称为油环真空泵，二者没有本质区别。水环真空泵是最常见的液环真空泵。图 5-1 所示为两种液环真空泵。

图 5-1　液环真空泵

5.1 液环真空泵的种类

1. 单级单作用液环真空泵

单级是指液环真空泵只有一个叶轮,单作用是指叶轮每旋转一周仅完成一次吸排气过程。单级单作用液环真空泵极限压力较低,抽速和效率也低。图 5-2 所示为一种单级单作用水环真空泵。

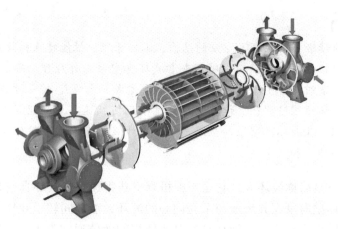

图 5-2　单级单作用水环真空泵

2. 单级双作用液环真空泵

单级双作用液环真空泵的叶轮每旋转一周,吸气、排气各完成两次。在相同抽速条件下,单级双作用液环真空泵比单级单作用液环泵的尺寸小,质量小,而且极限压力较高,抽速和效率也高,但有些零件比较复杂,加工相对困难。

3. 双级液环真空泵

双级液环真空泵多由单作用液环真空泵串联而成,实际上就是两个单级单作用液环真空泵的叶轮共用同一根芯轴。双级液环真空泵在较低的压力下具有较高的稳定抽速。

4. 大气液环真空泵

大气液环真空泵由气体喷射器与液环泵串联而成。气体喷射器即气体喷射真空泵,简称大气泵。液环真空泵前串联大气泵是为

液环真空泵　　水环真空泵

了提高极限真空，可在较低的压力下获得较高的抽速。如图 5-3 所示，大气液环真空泵主要由混合室 1、喷嘴 2、扩压器 3、真空阀 4、液环泵 5 等部件构成。大气液环真空泵启动时，应先启动液环真空泵以获得大气泵所需的预真空度，亦即使喷嘴的进气口与排气口之间存在压力差，空气因此就从喷嘴流入泵内。当喷嘴进气口与排气口之间的压力差达到大气压力的 50% 时，空气流经喷嘴的收缩段时得到加速，在经过喷嘴喉部时达到音速，流经喷嘴的扩张段时进一步得到加速，随后以超音速射向扩压器。此高速运动的气流携带被抽气体，导致混合室内有较高的真空度，从而吸出被抽容器中的气体。两股气体在混合过程中，由于动量交换导致能量损失，特别是经过扩压器收缩段时，由于一系列激波所造成的激波损失，使得混合气流逐渐减速。当进入扩压器的喉部时，速度降低到音速以下，随后经过扩压器的扩张段而使速度进一步降低，压强不断升高，最后达到大气泵的排气压强（即液环真空泵的吸入压强）时，液环真空泵吸入气体，然后将其排出泵外。

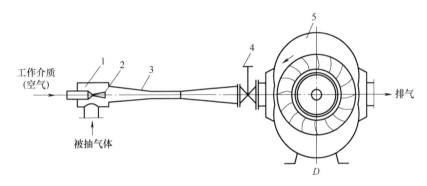

图 5-3　大气液环真空泵工作原理示意图

1—混合室　2—喷嘴　3—扩压器　4—真空阀　5—液环泵

5.2　液环真空泵的工作原理

　　液环真空泵工作原理如图 5-4 所示。液环泵主要由泵体 1、偏心安装的叶轮 2、吸气口 3、排气口 4 和端盖 5 等部分构成。

　　在单作用液环泵中，如图 5-4a 所示，在泵腔中装有适量的液体作为工作介质。当叶轮旋转时，泵腔内的液体被叶轮抛向四周，在离心力作用下，形成一个与泵腔形状近似的等厚度的封闭圆液环。液环的上部内表面与叶轮轮毂相切，液环的下部内表面与叶片顶端接触（叶片在液环内有一定的插入深度）。此时，叶轮轮毂与液环之间形成一个月牙形空间，而这一空间又被叶轮分成与叶片数目相等的若干个小腔。如果以叶轮的上部0°为起点，那么叶轮旋转到180°的过程中，小腔的容积由小变大。小腔与端盖5上的吸气口3相通，气体在压差作用下被吸入。吸气结束时，小腔与吸气口隔绝，此时小腔的容积最大。叶轮继续旋转，小腔由大变小，气体被压缩。当小腔与端盖5上的排气口4相通时，气体被排出泵外。液环泵完成一个吸气、排气过程。叶轮不停旋转，吸排气过程就周期进行。

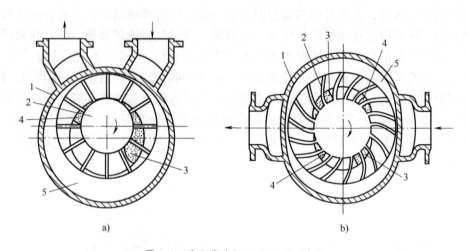

图 5-4　液环真空泵工作原理示意图

a）单作用液环真空泵　b）双作用液环真空泵

1—泵体　2—叶轮　3—吸气口　4—排气口　5—端盖

双作用液环泵腔相对于叶轮做成双偏心，形状近似于椭圆，如图 5-4b 所示。叶轮转动时，液环内表面与轮毂形成两个上下对称的月牙形空间。端盖5上开设两个吸气口与两个排气口，转子每旋转一周，小腔完成两次吸气与排气过程。

液环泵的吸气口终止位置和排气口起始位置决定着泵的压缩比。因为吸气口终止位置决定着吸气小腔吸入气体的体积，而排气口起始位置决定着排气时压缩气体的体积。对已经确定了结构尺寸的液环泵，就可以求出其压缩比。同样，给定压缩比，也可以确定出吸气口终止位置和排气口起始位置。

在水环泵中，水环压缩气体的能量是这样传递的：水被叶轮带动之后形成水环，这时叶轮把能量传递给水使之动能增加，水才具有一定的速度在泵腔内回转。就单作用水环泵来说，在吸入侧（前180°时），在叶轮内的水被叶轮加速，当水从叶轮腔内被甩出之后，水才具有与叶片端点切线速度相近的速度。在前半周，由于吸入气体压强恒定，其各点速度相等；在后半周，气体被压缩，当水环重新进入叶轮腔时速度下降，其动能有一部分转变成势能（压力能），以抵抗气体膨胀压力。而在空载不压缩气体时，后半周水的动能便会推动叶轮加速回转。

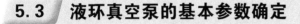

5.3 　液环真空泵的基本参数确定

5.3.1 　抽气速率

液环真空泵的几何抽速是在无损耗条件下，单位时间从吸入侧进入泵腔到排气侧被泵排出的气体的体积。在液环真空泵的设计计算中，可由图 5-5 中 II—II 断面所示，在工作轮转角 $\theta = 180°$ 时，泵吸入腔的最大几何容积予以确定。

为准确计算出液环真空泵的几何抽速，还需要对液环真空泵做如下假定：

1）泵内液体的压力是定常的，在液环的任何断面上液体的流量是恒定的。

2）在吸入侧（$0° \leqslant \theta \leqslant 180°$）液环内表面上气体的压力是恒定的，等于吸气压力。在排气侧液环内表面上的气体压力也是恒定的，等于排气压力。

3）液体与泵腔内表面不分离，液体在泵内不返流。

4）工作轮叶片浸入液环中，在任何转角下工作轮叶片都和液环接触。

5）在无叶片空间内，液体流动的轴向分速度很小，对液环的流动特性无实质性影响。

由图 5-5 可知，在工作腔内液环的内表面为圆柱面，用半径 r_2 画出工作腔的最大几何容积。

单作用液环真空泵的几何抽速（$\mathrm{m^3/s}$）为

$$S_g = f_{max} z b_0 \psi n = \pi r_2^2 b_0 \psi (1 - v^2) n$$
$$\psi = [\pi r_2^2 (1 - v^2) - s_0 z] / [\pi r_2^2 (1 - v^2)]$$

式中　f_{max}——泵工作腔的最大面积，单位为 $\mathrm{m^2}$；

　　　　z——叶轮上的叶片数目；

　　　　b_0——叶轮的宽度，单位为 m；

　　　　ψ——叶片厚度影响系数（铸造叶轮 $\psi = 0.65 \sim 0.85$，焊接叶轮 $\psi = 0.85 \sim 0.9$）；

　　　　n——叶轮的旋转频率，单位为 $\mathrm{s^{-1}}$；

　　　　r_2——叶轮的外半径，单位为 m；

　　　　v——半径比，$v = r_2 / r_1$（r_1 为轮毂平均半径）；

　　　　s_0——工作轮叶片厚度，单位为 m。

对于双作用液环真空泵而言，其几何抽速（$\mathrm{m^3/s}$）为

$$S_g = 2 f_{max} z b_0 \psi n$$

则液环真空泵的实际抽速（$\mathrm{m^3/s}$）为

$$S = \lambda S_g$$

式中　λ——抽气系数（实际抽速与几何抽速之比，即抽速降低系数）。

71

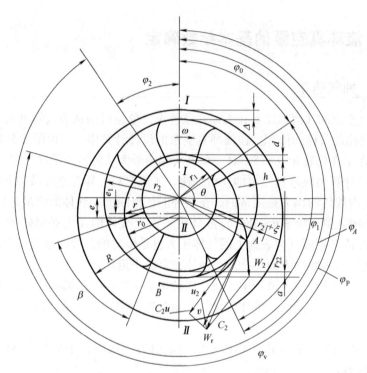

图 5-5　液环真空泵主要尺寸示意图

一般情况下，液环真空泵的抽气系数 $\lambda = 0.4 \sim 0.8$。液环真空泵的抽气系数 λ 和压缩比 τ（即排气压力 p_V 与吸气压力 p_A 之比，$\tau = p_V / p_A$）的关系如图 5-6 所示。抽气系数 λ 和压缩比 τ、轴的旋转频率 n 都有关系。

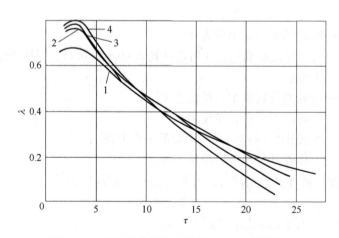

图 5-6　在不同旋转频率 n 条件下 λ 和 τ 的关系

曲线 1—$n = 12.5\mathrm{s}^{-1}$　　曲线 2—$n = 14.17\mathrm{s}^{-1}$　　曲线 3—$n = 18.33\mathrm{s}^{-1}$　　曲线 4—$n = 15.83\mathrm{s}^{-1}$

5.3.2　极限压力

液环真空泵的极限压力并不十分重要，因为不同液体，在压力低于 5000～6000Pa 时，都会发生汽蚀现象，泵的部件会遭到破坏。

所谓汽蚀现象就是当液环真空泵接近极限压力时，抽速很低，泵入口处的水开始沸腾。当转到泵的出口时，形成的气泡开始破裂。这样就会产生很大的噪声，同时泵的驱动轮和泵腔等部件被逐渐破坏。一旦发生汽蚀现象，就要通过小阀门引入少量新鲜空气。在这种情况下，就要在入口管道上开个小孔，以便定量地补充新鲜空气。这是设计或选择泵的极限压力时应考虑的因素。如果使用气体喷射器，则不会发生汽蚀现象。

液环真空泵作为气体喷射器（即大气液环真空泵）的前级泵时，如果关闭气体喷射器的吸气阀，则液环真空泵的吸气压力应在汽蚀压力范围之外，因此，带有气体喷射器的液环真空泵可以达到零流量。

为了保证压缩热被带走，液环真空泵工作时需要不断向泵内供水。如果水变得太热，水蒸气压升高，液环真空泵的极限压力就会受到影响。此外，在排气时和密封处都会有水的损失，所以也要补充水。液环真空泵抽除带有水分的气体，水和气体应由气水分离器分开。

5.3.3　轴功率和效率

液环真空泵的轴功率是其实际消耗的功率，轴功率的单位为 kW。轴功率由压缩气体的功率、液环运动消耗的功率和轴承处的摩擦所消耗的功率三项总和决定。

液环真空泵压缩气体的过程近似于等温压缩，可按理想气体等温压缩进行计算，则液环真空泵的轴功率 P_e 为

$$P_e = P_{is}/\eta_{is}$$

式中　P_{is}——气体等温压缩功率（气体温度不变，泵将气体由一定的吸气压力压缩到一定的出口压力所需的理论上的功率），单位为 kW；

η_{is}——等温效率（气体等温压缩理论功率与轴功率之比，用百分比表示），液环真空泵的 $\eta_{is}=30\%\sim45\%$。

根据《真空技术 液环真空泵效率》（JB/T 11238—2011），等温压缩功率 P_{is} 可由下式计算：

$$P_{is} = 38.37 p_1 Q_{si} \lg \frac{p_2}{p_1}$$

式中　p_1——泵入口处气体绝对压力，单位为 MPa；

Q_{si}——测量条件下，泵入口压力为 p_1 时，吸入状态下的气量（入口在给

定真空度下，出口为大气压 101325Pa 时，单位时间内通过泵入口的气体体积），单位为 m^3/min；

p_2——泵出口处气体绝对压力，单位为 MPa。

等温效率 η_{is} 和压缩比 τ 的关系如图 5-7 所示。等温效率 η_{is} 不仅和压缩比 τ 有关，还与轴的旋转频率 n 有关系。

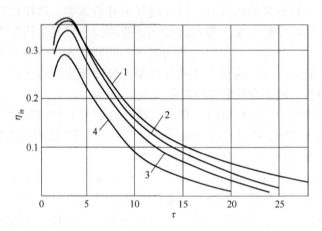

图 5-7　等温效率 η_{is} 和压缩比 τ 的关系

曲线 1—$n=12.5s^{-1}$　曲线 2—$n=14.17s^{-1}$　曲线 3—$n=15.83s^{-1}$　曲线 4—$n=18.33s^{-1}$

等温效率 η_{is} 反映了设备中各种能量损失的影响。

等温效率 η_{is} 可用下式计算：

$$\eta_{is}=\eta_i\eta_V\eta_L\eta_m$$

式中　η_i——泵的内效率（$\eta_i=93\%\sim95\%$）；

η_V——容积效率（$\eta_V=50\%\sim80\%$）；

η_L——液体流动效率（$\eta_L=40\%\sim55\%$）；

η_m——机械效率（$\eta_m=98\%\sim99.5\%$）。

 习 题

5-1　液环真空泵适宜在哪个真空范围内工作？

5-2　单级单作用和单级双作用液环真空泵的优缺点各是什么？

5-3　已知某款液环真空泵被抽气体为空气，工作液体为水，吸入压力为 0.02MPa，排气压力为 0.1013MPa，铸造叶轮外半径为 163mm，宽度为 320mm，半径比为 0.4，旋转频率为 16.7s^{-1}，求液环真空泵的实际抽速。

第**6**章 旋片真空泵

【学习导引】
　　本章使读者了解旋片真空泵的结构、工作原理和性能特点。扫描书中对应二维码可查看旋片真空泵工作原理动图。学习本章重点关注如下四点：①深刻领会旋片真空泵完成一个吸气-排气过程中，气体的吸入和压缩过程；②转子和旋片的装配方式，排气阀结构和密封方式；③几何抽速的计算和实际抽速曲线；④单极旋片真空泵的设计。

　　旋片真空泵也称旋片式油封机械泵，简称旋片泵。它是一种低真空获得设备，是旋转式变容真空泵，可以单独使用，也可以作为其他高真空泵的前级泵使用，如图 6-1 所示。

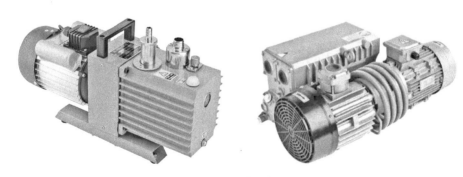

图 6-1　旋片真空泵

6.1　旋片真空泵的种类

　　旋片真空泵依靠泵油来润滑各摩擦面以及密封各零件之间的间隙，若在少油或无供油断续状态下，则密封间隙极易出现泄漏。泄漏会影响真空度的稳定性或真空度的提高。从结构上看，旋片真空泵可分为油封式旋片真空泵和油浸式旋片真空泵两种类型,如图 6-2 所示。油封式旋片真空泵是指油箱设置在泵体上,泵油起到密封排气阀的作用,泵体靠水冷或风冷进行冷却。一般大型泵多采用油封式结构。油浸式旋片真空泵是将整个泵体浸在泵油中,泵油起到密封和冷却的双重作用。一般小型泵和直联泵多采用这种结构形式。

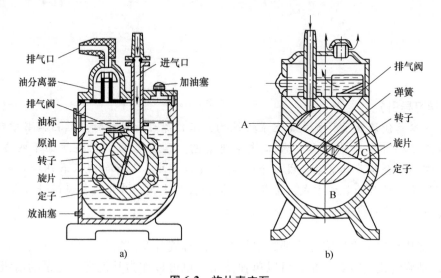

图 6-2　旋片真空泵

a）油浸式旋片真空泵　b）油封式旋片真空泵

6.2　旋片真空泵的工作原理

　　旋片真空泵在工作过程中,当转子旋转时,旋片在离心力和弹簧张力作用下,其顶端与泵腔内壁保持接触并沿泵腔内壁滑动。旋片把转子、泵体、端盖形成的月牙形空间分隔为 A、B、C 三部分,如图 6-3 所示。转子按图 6-3 中箭头方向顺时针旋转时,则与进气口相连通的空间 A 的容积逐渐增大,压力降低,当进气口处的外部气体压强高于空间 A 内的压强时,气体就被吸入,这就是吸气过程。与此同时,空间

旋片真空泵

B 的容积逐渐减小,压力增加,气体处于压缩状态,这就是气体压缩过程。与排气口相连通的空间 C 容积逐渐缩小,压力逐渐增加,当空间 C 内的压力超过排气压力时,被泵油密封的排气阀就被压缩气体推开,气体被排出,这就是排气过程。旋片真空泵连续运转,不断进行吸气、压缩和排气,从而达到了连续抽气的目的。若排出的气体通过气道而转入另一级低真空旋片真空泵时,经该级

旋片真空泵吸气、压缩和排出，那么就组成了双级旋片真空泵。这时总的压缩比由两级来负担，因而极限真空度被提高。

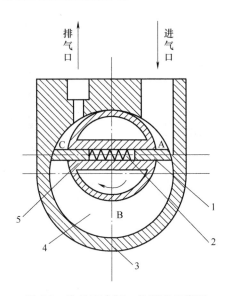

图 6-3　旋片真空泵工作原理示意图
1—旋片　2—旋片弹簧　3—泵体　4—端盖　5—转子

6.3　旋片真空泵的结构特点

旋片真空泵的结构如图 6-4 所示，它主要由泵体、转子、旋片、旋片弹簧、端盖和阀板等部件组成。转子偏心安装在泵腔内，转子外圆与泵体内表面相切但二者之间留有很小的间隙，转子开槽，转子槽内装有两个或多个旋片。

1. 泵体

泵体是旋片真空泵的主体，其结构主要有整体式、中壁压入式和组合式三种类型，如图 6-5 所示。整体式结构要求加工精度高，双级旋片真空泵的泵腔同心度不易保证。中壁压入式结构构造简单，加工和装配量小，但中壁尺寸公差要求严格。组合式结构各零件易于加工，容易保证高精度，废品率低，互换性好，适于大批量生产，但加工面多，装配麻烦。

2. 转子

转子和旋片是旋片真空泵的核心部件。转子的结构主要有压套式、转子盘式和整体式三种形式（图 6-6）。

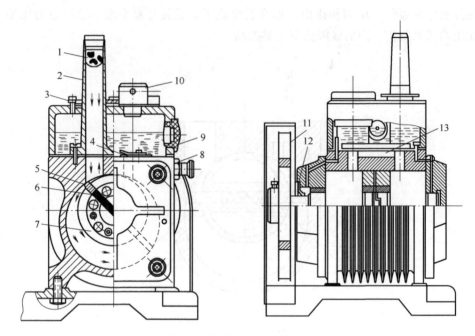

图 6-4 旋片真空泵结构简图

1—滤网 2—进气管 3—压板 4—排气阀片 5—旋片 6—弹簧 7—转子 8—放油螺塞
9—油标 10—排气孔 11—带轮 12—轴端密封圈 13—气道

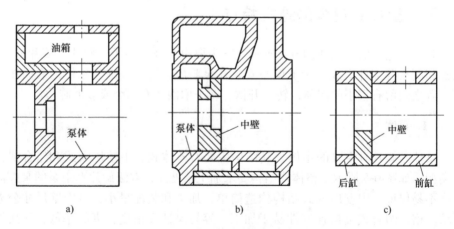

图 6-5 旋片真空泵泵体结构

a）整体式 b）中壁压入式 c）组合式

压套式转子结构如图 6-6a 所示，压套式转子的两半转子中间用衬块以保证旋片槽的宽度。这种结构的转子加工量稍小，但加工精度较高，装配较复杂。

转子盘式结构如图 6-6b 所示，转子盘式的两半转子用螺钉和锥销紧固后，两转子体之间形成旋片槽。这种结构的转子零件多，加工装配量大，加工精度较高，但这是一种采用最多的转子结构形式。

整体式结构如图 6-6c 所示，转子加工基准是两端中心孔，加工件和装配量少，加工简单，节省工序，几何精度和尺寸精度易于保证，但缺点是对材质要求较高，旋片槽加工较困难，难以达到高精度，较适于大型泵。

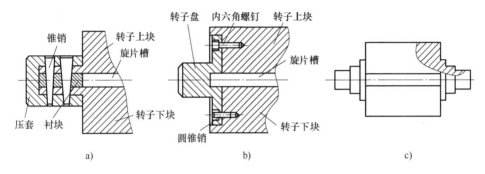

图 6-6　旋片真空泵转子结构示意图

a）压套式　b）转子盘式　c）整体式

旋片在泵运转过程中始终与泵腔内壁接触，这就要求旋片要有足够的强度和耐磨性，故旋片的材料多采用铸铁、石墨或高分子复合材料等。

3. 排气阀

排气阀是旋片泵的易损件，它影响泵的抽气性能并产生噪声。排气阀的结构如图 6-7 所示。排气阀采用橡胶垫、布质酚醛层压板或弹簧钢片做阀片。

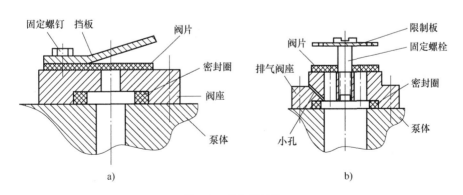

图 6-7　排气阀结构

a）橡胶垫阀片　b）弹簧钢阀片

排气阀必须浸在泵油中。在排气过程中，压缩气体推开排气阀片，穿过泵油排出。泵油起到密封的作用。在双级泵中，当高真空级与低真空级为不等腔时，需在两级之间设置中间辅助排气阀，如图6-8所示。

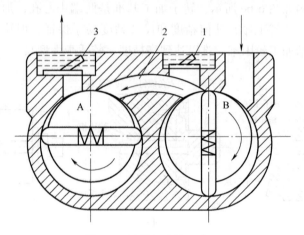

图 6-8　双级泵结构示意图

A 室—低真空级　B 室—高真空级　1—中间辅助排气阀　2—通道　3—低真空级排气阀

辅助排气阀的作用是在入口压力较高、经高真空级压缩的气体已达到排气压力时，辅助排气阀打开，部分气体由辅助排气阀排出，部分气体由低真空级抽走。随着入口压力的降低，辅助排气阀排气量逐渐减少，在高真空级排气压力（即低真空级的进气压力）低于辅助排气阀的开启压力（近似为大气压时），辅助排气阀就会关闭。对于小型旋片真空泵，其高低真空腔可做成等腔结构，此时不必设置辅助排气阀。

6.4　旋片真空泵的基本参数确定

6.4.1　极限压力

旋片真空泵的极限压力与测量时使用的真空计种类有关。用压缩式真空计测量时，极限压力值比用热传导真空计测量的结果约低一个数量级。这是因为前者只能测得永久性气体的分压力，而后者测得的是被抽气体的全压力。极限压力反映的是旋片真空泵的制造精度。双级旋片真空泵的极限压力低于单级旋片真空泵的极限压力，即双级泵的极限真空度高于单级泵的极限真空度。

旋片真空泵的循环油量、泵油的工作温度、有害空间的存在、零件的加工精度、运动件之间的间隙以及轴端密封等，都对泵的极限压力有影响。

1）旋片真空泵的循环油量影响泵的极限压力。循环油量与极限压力之间的关系如图 6-9 所示。油量越多，密封效果越好，泵的极限压力与油量的关系理论上应按图中 DE 曲线变化，最终达到油的饱和蒸气压 p_0。但是，由于泵油中含有大量的空气和水分，泵的极限压力与油量的关系实际上如图中 FG 曲线所示。在二者共同影响下，泵的极限压力与油量关系如图中 ABC 曲线所示。其中，最低压力 p_B 对应的油量 Q_B 为最佳注油量。一般而言，泵油应保持在指定油位之上，使泵的循环油量保持恒定。对于双级泵，泵油要经过低真空级脱气后才能进入高真空级，这可以减少泵油在高真空级中的放气量以降低泵的极限压力。

2）旋片真空泵的极限压力与泵油的工作温度也有关系。油温越高，油的饱和蒸气压越高，泵的极限压力越高。

3）旋片真空泵中有害空间的存在如图 6-10 所示，转子与泵腔的接触点 a 到排气口之间的压缩气体并不能被旋片推出泵腔，而是随着旋片通过 a 处的间隙回到吸气侧。接触点 a 到排气口之间就形成了有害空间。有害空间的存在使泵的极限压力升高，泵中循环油的充填可以消除有害空间对极限压力的影响。

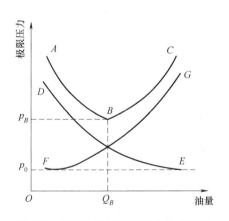

图 6-9　循环油量与极限压力的关系图

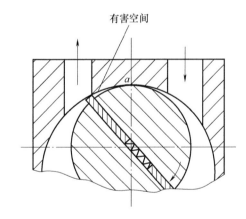

图 6-10　有害空间示意图

6.4.2　抽气速率

（1）名义抽速　名义抽速是旋片真空泵出厂时的标牌抽速，已经规格化。

（2）几何抽速　几何抽速是旋片真空泵按额定转数运转时，单位时间内抽除气体的几何容积。几何抽速 S_{th} 是吸气终了时吸气腔容积 V_s 与转子转数 n 以及转子旋转一周的排气次数 z 的乘积，即

$$S_{th} = nV_s z = nALz \tag{6-1}$$

式中　A——吸气终了时吸气腔的截面面积，单位为 mm^2；

L——泵腔的长度，单位为 mm；

n——旋片泵转速，单位为 r/min；

z——旋片泵的旋片数。

设计时，几何抽速应为名义抽速的 1～1.2 倍。提高泵的转数，可以提高泵的抽速，并可以同时缩小泵的尺寸。

（3）实际抽速　实际抽速是旋片真空泵实际测得的抽速，它是入口压力的函数。随着入口压力的降低，实际抽速逐渐下降，达到极限压力时，实际抽速为零，如图 6-11 所示。此时，泵的抽气量与泵内气体经间隙的返流量处于动态平衡。在掺气过程，泵的极限压力上升与抽气速率下降如图中虚线表示。

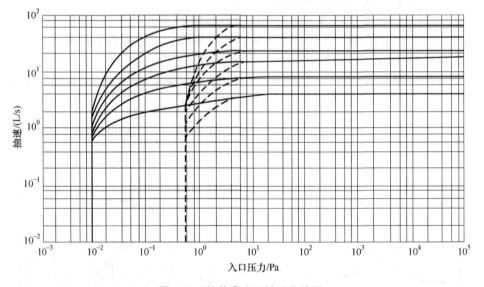

图 6-11　旋片真空泵抽速曲线图

6.4.3　功率

旋片真空泵在每个运动周期内经历吸气、压缩和排气三个过程，其 p-V 曲线如图 6-12 所示。其中，ab 为入口压力 p_1 时的吸气过程，bc 为压缩气体至排气压力 p_2 时的压缩过程，cd 为打开排气阀时的排气过程。则压缩功率 P 可由下式计算，即

$$P = p_1 S_{th} \frac{m}{m-1} \left[\left(\frac{p_2}{p_1} \right)^{\frac{m-1}{m}} - 1 \right]$$

式中 S_{th}——旋片真空泵的几何抽速；

  p_1——旋片真空泵的入口压力；

  p_2——旋片真空泵的排气压力；

  m——多变指数，$1<m<K$，一般取 $m=1.3$，K 为绝热系数。

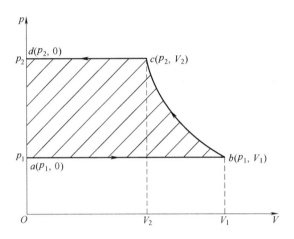

图 6-12 旋片真空泵 $p\text{-}V$ 曲线图

压缩功率随入口压力的变化而变化，其关系如图 6-13 所示。

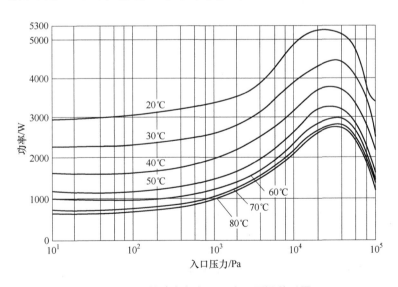

图 6-13 压缩功率与入口压力、泵温关系图

旋片真空泵的最大功率 P_{max} 为

$$P_{\max} = p_2 S_{th} m^{\frac{1}{1-m}}$$

旋片真空泵的最大功率对应的入口压力 p^* 为

$$p^* = \frac{p_2}{m^{\frac{m}{m-1}}}$$

除压缩气体外，旋片真空泵还需克服摩擦、过载等情况，同时还需要考虑泵温的变化（图 6-13）。在低压时，气体压缩量很小，泵的功率绝大部分消耗在摩擦损失上。如果在气镇（有气镇装置）条件下运行，则泵的功率变化不明显，故在设计时选用的电动机功率为

$$P_g = \frac{\varepsilon P_{\max}}{\eta_m \eta_P}$$

式中　ε——过载系数，一般取 $\varepsilon = 1.2 \sim 1.4$；

　　　η_m——旋片真空泵的机构效率，一般取 $\eta_m = 0.75 \sim 0.80$；

　　　η_P——旋片真空泵的传动效率，一般 V 带传动取 $\eta_P = 0.9 \sim 0.95$。

6.5　单级旋片真空泵设计案例

设计的单级旋片真空泵应满足以下要求：

1）极限真空度：2Pa。

2）名义抽速 S_d：14L/s。

3）转速 n：1420r/min。

4）泵不应有漏油现象。

6.5.1　基本参数的选取

1. 几何抽速

为保证旋片泵充分吸气，吸气结束时，封闭的吸气腔容积应为最大值。考虑到吸气过程中可能会存在返流、泄漏以及进气管路阻力等其他因素的影响，为保证真空泵能够达到名义抽速，一般几何抽速应为名义抽速的 1~1.2 倍，即

$$S_{th} = 14 \sim 16.8 L/s$$

2. 直径比、长径比以及旋片数目的选择

（1）直径比选择　直径比可由下式求得：

$$b = d/D \tag{6-2}$$

式中　b——直径比；

d——转子直径，单位为 mm；

D——泵腔直径，单位为 mm。

当抽速恒定时，直径比 b 变小，转子的偏心距就会相应变大。此时会导致旋片受力过大，磨损加剧。直径比 b 一般取值范围为 $0.75 \sim 0.9$。

本案例取直径比 $b = 0.8$。

（2）长径比选择　长径比可由下式求得：

$$a = L/D \tag{6-3}$$

式中　a——长径比；

L——泵腔长度，单位为 mm。

长径比 a 一般取值范围为 $0.4 \sim 1.5$，对于长径比 a 的选取原则是大型泵取大值，小型泵取小值。

本案例取长径比 $a = 1$。

（3）旋片数目的选择　极限真空度小于 4Pa 的旋片泵，旋片数目多选择为 $z = 2$，适用于抽速要求不高的泵。

3. 容积利用系数

在旋片数 $z = 2$ 时，容积利用系数 K_v 与直径比 b 的关系见表 6-1。根据表 6-1 可知直径比 $b = 0.8$ 时，容积利用系数 K_v 取值为 0.852。

表 6-1　两旋片时容积利用系数 K_v 和直径比 b 的对应关系

b	0.75	0.76	0.77	0.78	0.79	0.8	0.81	0.82	0.83	0.84	0.85
K_v	0.860	0.858	0.857	0.856	0.854	0.852	0.851	0.849	0.847	0.846	0.845

6.5.2　主要几何尺寸的计算

1. 旋片泵基本尺寸计算

（1）旋片泵腔直径 D　已知参数有：长径比 $a = 1$，直径比 $b = 0.8$，初取几何抽速 $S_{th} = (1 \sim 1.2) S_d = 16 L/s$，旋片数 $z = 2$，容积利用系数 $K_v = 0.852$，转速 $n = 1420 r/min$。

$$D = \sqrt[3]{\frac{24 \times 10^7 \times S_{th}}{\pi n z K_v a (1 - b^2)}} \tag{6-4}$$

求得：$D = 111.954 mm$，取 $D = 112 mm$。

（2）旋片泵转子直径 d　由式（6-2）可得：

$d = Db = 112 \times 0.8 mm = 89.6 mm$，取 $d = 90 mm$。

(3) 旋片泵腔长度 L 由式（6-3）可得：

$L = Da = 112 \times 1\text{mm} = 112\text{mm}$，取 $L = 125\text{mm}$。

(4) 校核几何抽速 S_{th} 由式（6-2）得：

$b' = 0.804 \in [0.75, 0.9]$，满足条件。

由式（6-3）得，$a' = 1.116 \in [0.4, 1.5]$，满足条件。

$$K_v' = \frac{\pi - \varphi + \frac{1}{2}\sin(2\varphi) - \frac{1}{2}\pi b'^2}{\pi(1 - b'^2)} \tag{6-5}$$

式中，$\varphi = \arccos(1 - b')$。

得：$K_v' = 0.795$。

$$S_{th} = \frac{\pi n z a' K_v' D^3 (1 - b'^2)}{24 \times 10^7} \tag{6-6}$$

得：几何抽速 $S_{th} = 16.42\text{L/s}$，在几何抽速范围 $S_{th} = 14 \sim 16.8\text{L/s}$ 范围内，满足设计要求。则确定旋片泵的尺寸为：泵腔直径 $D = 112\text{mm}$，转子直径 $d = 90\text{mm}$，泵腔长度 $L = 125\text{mm}$。

偏心距 e 为

$$e = \frac{D - d}{2} \tag{6-7}$$

得：$e = 11\text{mm}$。

2. 旋片尺寸的确定

(1) 旋片长度 h 在旋片泵工作时，旋片随转子自由旋转，旋片的两端始终与定子内壁接触，并且能在转子槽内自由滑动。为了保证旋片能正常工作，防止旋片过短导致旋片顶端与定子内壁无法接触，或旋片过长发生卡机现象，旋片长度应当满足以下条件：

如图 6-14a 所示，当两旋片水平时，旋片的长度要满足

$$h < \sqrt{(D/2)^2 - e^2} - \Delta \tag{6-8}$$

式中，$\Delta = 2 \sim 4\text{mm}$。

经计算，取 $h = 51\text{mm}$。

为保证旋片在槽内自由滑动，可靠工作，密封良好。如图 6-14b 所示，当两旋片位于竖直位置时，旋片在转子槽内的长度要满足

$$h_1 = h - 2e \geq 0.4h \tag{6-9}$$

计算得：$h_1 = 29\text{mm}$。

满足要求。

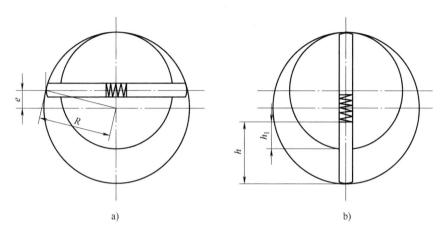

图 6-14　旋片位置极限图

a）两旋片位于水平位置　b）两旋片位于竖直位置

（2）旋片厚度 B　旋片厚度 B 应满足强度要求，同时要考虑材料密度、强度、转子槽的加工工艺，旋片厚度与抽速的关系见表 6-2。根据几何抽速 S_{th} = 16.42L/s，选择旋片厚度 B = 10mm。

表 6-2　旋片厚度与抽速的关系

抽速/（L/s）	0.5	1	4	8	15	30	70	150
B/mm	6	6	6	10	10	12	12	15

（3）旋片顶端弧度 r_1　旋片在与泵腔内壁接触运动时会产生摩擦作用，为了降低摩擦损失，将旋片顶端设计成弧面。旋片顶端弧度的圆心位置一般在旋片的中心线上，顶端弧度半径一般为

$$r_1 = \frac{DB}{2(B+2e)} \qquad (6\text{-}10)$$

得：r_1 = 17.5mm。

旋片的截面形状如图 6-15 所示。

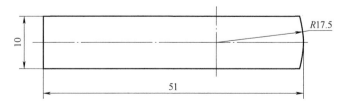

图 6-15　旋片截面形状

习 题

6-1 旋片真空泵适用在哪个真空范围内工作?

6-2 旋片真空泵的转子结构分别有哪几种类型?各自的特点是什么?

6-3 已知某款旋片真空泵被抽气体为空气,真空泵几何抽速为 15L/s,转速为 960r/min,试设计一款满足要求的单级旋片真空泵。

第**7**章　滑阀真空泵

【学习导引】

　　本章使读者了解滑阀真空泵的结构、工作原理和性能特点。扫描书中对应二维码可查看滑阀真空泵工作原理动图。学习本章重点关注如下四点：①深刻领会滑阀真空泵完成一个吸气-排气过程中，气体的吸入和压缩过程；②理解滑阀的三种结构以及与气缸之间的配合；③深入理解为什么旋片真空泵只能做成小抽速而滑阀真空泵的抽速一般做得比较大；④理解油雾捕集器的工作原理。

　　滑阀真空泵即滑阀式油封机械真空泵（简称滑阀泵），它同旋片真空泵一样，也是一种变容式气体传输泵。图7-1所示为一种滑阀真空泵。

滑阀真空泵

图 7-1　滑阀真空泵

　　滑阀真空泵容量比旋片真空泵大，因此常被用在大型真空设备上。与旋片真空泵一样，滑阀真空泵也有单级与双级两种基本类型，抽速大于150L/s的滑阀真空泵往往采用单级的形式，但滑阀真空泵受制于较大偏心的旋转质量而振动较大，因此转速不能太高。其转速一般在 350 ~ 600r/min 之间，很少有达到 1000r/min 以上的。

7.1 滑阀真空泵的工作原理

滑阀真空泵主要由泵体、偏心轮、滑阀组件和导轨等部分组成，其工作原理如图 7-2 所示。滑阀真空泵中与泵腔同心的电动机驱动轴带动偏心轮旋转，偏心轮带动滑阀环运动，使滑阀杆在导轨中上下滑动和左右摆动。滑阀将泵腔分成 A、B 两个部分。当驱动轴如图 7-2a 中所示方向转动时，腔 A 的容积逐渐增大，压力逐渐降低，气体经过泵的入口、滑阀杆由 A 腔开口的一侧进入腔 A，滑阀真空泵处于吸气阶段。滑阀继续旋转，当滑阀处于图 7-2c 所示位置时，腔 A 容积达到最大，此时进气口与 A 腔隔断，吸气过程结束。此后，腔 B 的容积不断减小，气体处于压缩阶段。当腔 B 内气体压力达到排气压力时，排气阀被推开，滑阀真空泵开始排气。当滑阀处于图示左上方位置时，排气过程结束。滑阀真空泵连续运转，不断进行吸气、压缩和排气过程，从而达到了连续抽气的目的。

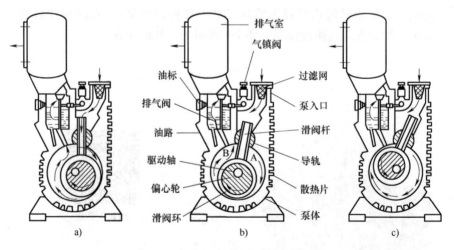

图 7-2 滑阀真空泵工作原理示意图

7.2 滑阀真空泵的结构特点

滑阀真空泵结构如图 7-3 所示。与旋片真空泵相似，滑阀真空泵也设有气镇阀和油气分离器。

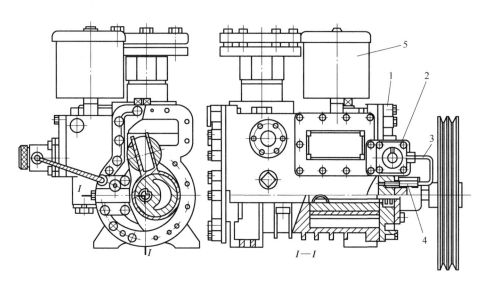

图 7-3 滑阀真空泵结构示意图

1—泵盖 2—气镇阀 3—导管 4—逆止阀 5—油气分离器

1. 滑阀的结构

滑阀真空泵的滑阀主要有三种结构形式：滑阀杆与滑阀环铰接式，滑阀杆与滑阀环一体式和行星式，如图 7-4 所示。行星式滑阀体相对其他两种形式而言，具有尺寸小、抽速大的特点，但由于滑阀杆摆动的幅度很大，故这种结构形式往往只适用于小型滑阀真空泵，大中型滑阀真空泵一般均采用滑阀杆与滑阀环做成一体的结构形式。滑阀杆铰接在滑阀环上由于受力复杂，且滑阀杆和滑阀环之间容易松动而导致杆、环和连接螺栓的损坏，故现在也很少采用。

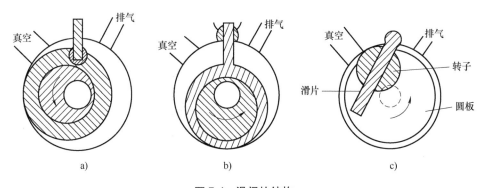

图 7-4 滑阀的结构

a) 滑阀杆与滑阀环铰接式 b) 滑阀杆与滑阀环一体式 c) 行星式

2. 缸体

为减少滑阀不平衡惯性力引起的振动，常用的平衡结构有三种，即单缸、双缸和三缸平衡结构。

单缸单级滑阀真空泵要在驱动轮对面一侧加平衡轮，并在驱动轮上加不平衡质量进行平衡减振。

双缸滑阀真空泵如图 7-5 所示，其中，图 7-5a 所示为单级并联，常用于大、中型泵，以提高抽速；图 7-5b 所示为双级串联，常用于中、小型泵，以降低极限压力。双缸结构中两个滑阀长度比一般为 2∶1，相差 180°布置，再在驱动轮上加上不平衡质量（图 7-6）。

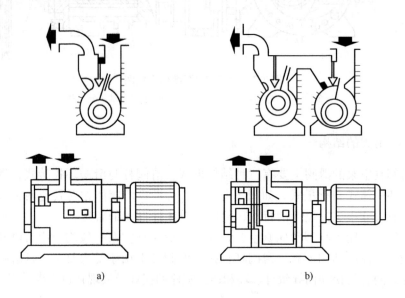

a)　　　　　　　　　　　　　b)

图 7-5　双缸滑阀真空泵结构示意图

a）单级并联　b）双级串联

三缸滑阀真空泵有等长缸和不等长缸两种形式，通常为不等长缸形式，其三缸布置如图 7-7 所示。其中，中间为一长缸，两侧各为等长短缸，长缸与短缸长度比为 2∶1，相差 180°布置。由于中间滑阀产生的惯性力由两侧滑阀产生的相反方向的惯性力所平衡，故三缸滑阀真空泵的振动很小，即使不将泵体固定在地基上也可以正常工作。

3. 排气阀

排气阀是滑阀真空泵的易损件，也是主要噪声源，图 7-8 所示是一种特殊结构的排气阀，包括硬阀板、柔性阀板、压紧弹簧等部件。图 7-8a 所示为排气阀处于关闭状态。当入口压力较高时，排气量较大，排气阀硬阀板打开排气，如图 7-8b 所示。在极限压力时，只有少量的气泡和泵油被排出，排气阀硬阀板静止不动，柔性阀板打开排气，如图 7-8c 所示。柔性阀板上柔性唇的打开、关闭动作必须在 0.01s 内完成，否则将导致泵油返流，噪声增大。

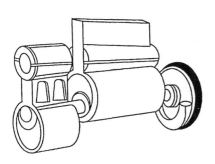

图 7-6　双缸滑阀真空泵的平衡

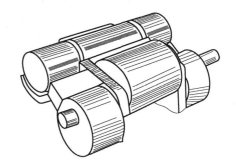

图 7-7　三缸滑阀真空泵滑阀组件

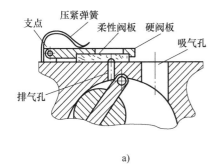

a)

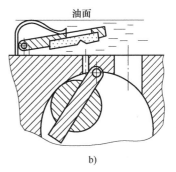

b)

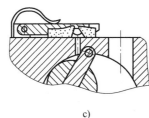

c)

图 7-8　一种特殊结构的排气阀

a) 排气阀关闭　b) 排气阀打开　c) 柔性唇打开

4. 油雾捕集器

滑阀真空泵在出口处应设置油雾捕集器，用以捕集和回收由排气阀排出的混在被抽气体中的油滴，这样既可以节省泵油，又可以减少环境污染。油雾捕集器（图7-9）一般有三级：第一级是碰撞罩，除去较大的油滴；第二级是不锈钢填料，收集小油滴；第三级是烧结的玻璃纤维，捕集可见油雾。

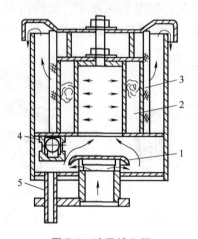

图7-9　油雾捕集器

1—碰撞罩　2—不锈钢填料　3—玻璃纤维　4—返油阀　5—回油管

此外，泵油在滑阀真空泵中起到润滑和密封的双重作用。油路的设置十分重要，必要时亦可以利用油泵强制供油。在双级滑阀真空泵中，泵油应先进入低真空侧，经脱气的泵油再进入高真空侧，以便获得更低的极限压力。

7.3 滑阀真空泵的基本参数和主要尺寸确定

滑阀真空泵的基本参数有极限压力、抽气速率、功率、转速（转数）、温升等，与旋片真空泵基本参数相同。但是，由于偏心力的存在，限制了滑阀真空泵转速的提高，滑阀真空泵的转速见表7-1（国内滑阀真空泵一般采用的转速）。

表7-1　滑阀真空泵的转速

型号	2H-8, 15, 30	H-70, 150	H-300, 600
转速/(r/min)	600~500	500~450	450~360

假设泵腔直径为 D，长度为 L，滑阀环直径为 d，偏心轮偏心距为 e，泵转速为 n，并联缸数目为 z，名义抽速为 S_d，则滑阀真空泵的几何抽速 S_{th} 为

$$S_{th} = \frac{\pi}{4}(D^2 - d^2)Lnz \tag{7-1}$$

令 $L/D=a$，$d/D=b$。

若 $S_{th}=(1\sim1.2)S_d$，则泵腔直径 D 为

$$D=\sqrt[3]{\frac{4S_{th}}{nza\pi(1-b^2)}} \tag{7-2}$$

$$d=bD \tag{7-3}$$

$$L=aD \tag{7-4}$$

$$e=\frac{D-d}{2} \tag{7-5}$$

这样，泵腔直径 D、长度 L、滑阀环直径 d 和偏心轮偏心距 e 等都可以确定。

系数 $a=0.9\sim1.2$（单缸滑阀真空泵）、$a=0.6\sim0.75$（双缸滑阀真空泵），大型泵取大值，小型泵取小值。大型泵取大值可避免阀滑真空泵径向尺寸过大，同时保证其极限压力；小型泵取小值可适当增加阀滑真空泵的径向尺寸，提高其加工工艺性。

系数 $b=0.65\sim0.7$，若取小值，则可提高抽速，但滑阀环直径 d 亦随之减小，这会影响到转轴强度、滑阀环强度和偏心轮薄壁强度等。由图 7-10 可知，滑阀环直径 d 为

$$d=\frac{D}{2}+r_{轴}+\delta_{轮}+\delta_{环} \tag{7-6}$$

式中　$r_{轴}$——转轴半径，单位为 mm；

　　　$\delta_{轮}$——偏心轮最薄处厚度，单位为 mm；

　　　$\delta_{环}$——滑阀环的厚度，单位为 mm。

系数 b 为

$$b=\frac{d}{D}=\frac{1}{2}+\frac{r_{轴}+\delta_{轮}+\delta_{环}}{D} \tag{7-7}$$

可见，转轴半径、偏心轮最薄处厚度以及滑阀环的厚度的取值应当满足部件的强度要求。

滑阀导轨中心与泵腔中心的距离 F 与偏心距 e、滑阀杆摆角 α 的关系如图 7-11 所示。过 O_2 点作以 O_1 点为圆心、e 为半径的转子中心运动轨迹的切线，切点为 P，此时的滑阀杆摆角为 α，则由直角三角形 $\triangle O_1PO_2$ 可知：

$$F=\frac{e}{\sin\alpha}$$

$$\alpha\leqslant15°$$

滑阀杆摆角 α 不能太大，太大会影响泵的平衡性，亦不能太小，太小将使泵的尺寸增大。国内生产厂家所确定的滑阀真空泵性能参数见表 7-2。

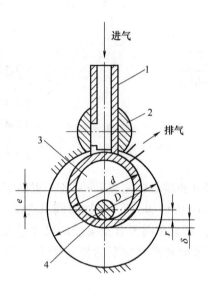

图 7-10　滑阀处于最上位时的状态
1—滑阀　2—导轨　3—偏心轮　4—泵轴

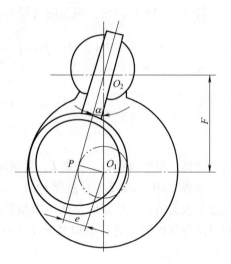

图 7-11　中心距 F 的确定

表 7-2　滑阀真空泵性能参数

型号	极限压力/Pa	抽气速度/(L/s)	泵转速/(r/min)	电动机功率/kW	进气口径/mm	排气口径/mm
2H-30B	$6×10^{-2}$	30	490	4	63	50
2H-120	$6×10^{-2}$	120	590	11	100	80
H-50	1	50	615	5.5	80	50
H-300B	1.3	300	450	30	200	100
H-8A	1.3	150	450	18.5	150	80
HL-25	1.3	25	615	2.2	50	40
HL-100	1	100	450	7.5	80	76
HF-25	1.3	25	615	2.2	50	40
HF-100	1	100	450	7.5	80	76

注：本表为上海神工真空设备制造有限公司、浙江神工真空设备制造有限公司的数据。

习 题

7-1 滑阀真空泵在出口处为什么要设置油雾捕集器？

7-2 某款滑阀真空泵的几何抽速 $S_{th} = 210L/s$，试计算下列三种情况下的几何抽速。

1）当转速提高一倍时。

2）当泵腔直径和滑阀环直径同时减至一半时。

3）当泵腔长度增加一倍时。

7-3 长径比 a 有一定的取值范围，在设计滑阀真空泵时如何选取长径比？

第 **8** 章 低温真空泵

【学习导引】

本章使读者了解低温真空泵的结构、工作原理和性能特点。学习本章重点关注如下四点：①深刻领会低温真空泵是一种气体捕集真空泵，适用于高真空；②理解连续流动式低温真空泵与小型制冷机低温真空泵的异同；③理解低温冷凝、低温吸附、低温捕集原理和低温真空泵的分类；④理解低温真空泵的极限压力、抽速、排气量等基本参数。

低温真空泵简称低温泵，亦称冷泵、冷凝泵，如图 8-1 所示。它是一种利用低温冷凝和低温吸附原理以达到抽气目的的气体捕集真空泵，是低温技术和真空技术相融合的新技术。低温真空泵是一种无油高真空泵，它是外层宇宙空间模拟的理想真空获得设备。低温真空泵可以抽除各种气体，它具有抽气压力范围宽、抽气速率大、起始压力高、抽气范围广、占地面积小等特点。它有极大的灵活性，可以做成插入式，用于无法布置其他类型真空泵的场所。低温真空泵运行时需要制冷剂或制冷设备。

图 8-1　低温真空泵

低温真空泵的冷源可以是低温液体（液氮或液氦），也可以是低温制冷机。冷源是指向其放热而不改变其自身温度的热库，它有天然冷源与人工冷源之分。天然冷源如地下水、冰块等，人工冷源主要是根据热力学定律，让液态气体汽化以制冷，或使压缩气体膨胀做功以降温。膨胀机就是利用压缩气体膨胀降压时向外输出机械功使气体温度降低的原理获得冷量的机械。制冷机是将具有较低温度的被冷却物体的热量转移给环境介质从而获得冷量的机械。从较低温度物体转移的热量习惯上称为冷量。制冷机内参与热力过程变化（能量转换和热量转移）的介质称为制冷剂。低温真空泵的冷源均是人工冷源。

8.1 低温真空泵的种类

基于供给低温介质方式的不同，低温真空泵可分为贮槽式低温真空泵、连续流动式低温真空泵和小型制冷机低温真空泵三类。

1. 贮槽式低温真空泵

贮槽式低温真空泵是指将低温介质（液氮或液氦）直接注入泵体内的贮槽从而达到降温抽气目的的真空泵，如图 8-2 所示。贮槽式低温真空泵体积小、无振动、无噪声、操作简便，但是运转费用高，低温介质使用时间短，需要定期补给。

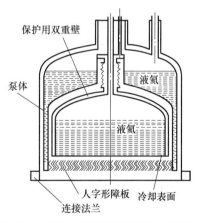

图 8-2　贮槽式低温真空泵结构示意图

2. 连续流动式低温真空泵

连续流动式低温真空泵又称流程低温真空泵，它是指将低温介质通过外管路输送至泵中低温板冷却管，吸收热量后再返回制冷机而达到降温抽气目的的真空泵，如图 8-3 所示。连续流动式低温真空泵是一种封闭循环的冷却设备，它的体积庞大，管路复杂且冷损较大，但是其具有制冷功率大的显著优点，适于抽除大气量或大型真空室的抽气。

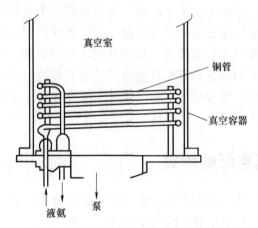

图 8-3　连续流动式低温真空泵结构示意图

3. 小型制冷机低温真空泵

小型制冷机低温真空泵即闭循环小型制冷机低温泵，与连续流动式低温真空泵一样，也是一种封闭循环的冷却设备，但它不需要输送低温介质，它的制冷机与压缩机连接管路中流动的是常温充压气体介质。制冷机采用两级制冷，制冷机的一级冷头和二级冷头分别与辐射屏和低温冷板相连。小型制冷机低温真空泵兼有连续流动式低温真空泵和贮槽式低温真空泵的优点，其结构如图 8-4 所示。

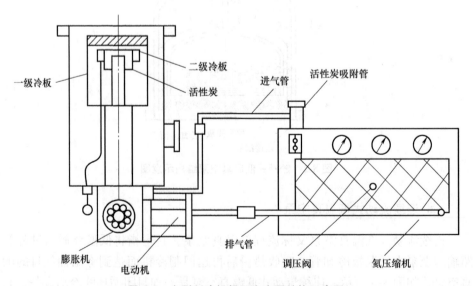

图 8-4　小型制冷机低温真空泵结构示意图

8.2 低温真空泵的工作原理

低温真空泵的工作原理就是在真空容器内设置极低温固体表面（冷面），通过冷凝或吸附的方式捕集容器内的气体分子，从而达到抽气的目的。

1. 低温冷凝

如图 8-5 所示，当用液氦（He）冷却固体表面达 4.2K 时，空气中除 H_2、He 以外的大部分气体的饱和蒸气压都低于 10^{-10}Pa，亦即空气中主要气体成分都会被冷凝，利用这种工作原理进行抽气的真空泵被称为低温冷凝真空泵，亦称冷凝泵。

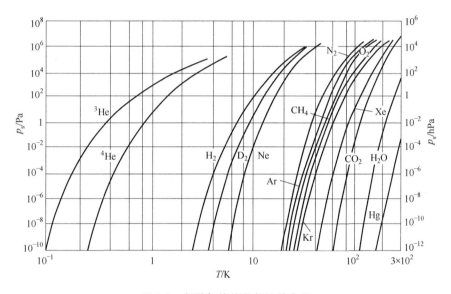

图 8-5 各种气体的蒸气特性曲线

在冷凝板沉积物表面的低温抽气过程，不但发生气体分子凝聚的正向过程，同时还会发生反射和被凝聚分子蒸发的逆向过程。抽气时，正向过程进行的速度大于逆向过程进行的速度，总的抽气速度在数值上等于两者速度之差。低温冷凝抽气过程如图 8-6 所示。

为建立方程，需做如下假设：

1）冷凝板温度远低于被抽气体的三相点温度。

2）抽气时朝冷凝板方向运动的气体之间不发生相互作用。

3）忽略低温沉积层的影响，且被冷凝气体的相变热全部从低温沉积物传至冷凝板。此时低温沉积层自身的温度 T_s 等于冷凝板的温度 T_P。

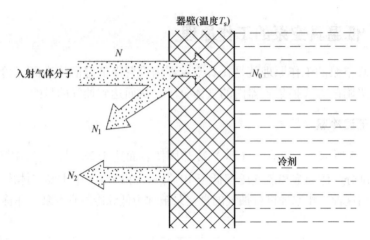

图 8-6 低温冷凝示意图

N—落在冷凝板上气体分子数 N_1—反射出去的气体分子数 N_2—蒸发出去的气体分子数

N_0—被捕获的气体分子数（被抽除的气体）

被捕集气体分子数是指单位时间内在单位冷凝表面上所凝结的气体分子数。被捕集（即被抽除）的气体分子数 N_0 可由下式求出：

$$N_0 = N - (N_1 + N_2)$$

上式即为低温冷凝抽气基本方程。

当 $N_1 + N_2 = 0$ 时，全部气体分子均被冷凝板所捕集，这是理想的抽气状态，低温真空泵达到最大抽气效率。

当 $N_0 = N_1 + N_2$ 时，被冷凝板所捕集的气体分子数等于反射和蒸发的气体分子数之和，这是一种动态平衡，此时低温真空泵的抽气效率为零。实际上，低温真空泵的抽气过程就介于上述两种工况（即最大抽气效率和零）之间。

2. 低温吸附

在低温表面上粘贴一些固体吸附剂，气体分子碰撞到这些多孔的吸附剂上就会被捕集，利用这种工作原理进行抽气的真空泵被称为低温吸附真空泵。

低温吸附是物理吸附，其吸附量与吸附剂的表面积成正比。

吸附剂可以分为金属吸附剂和非金属吸附剂两类。金属吸附剂以蒸发或升华在冷面上的钛、钼、钼等金属或其合金为吸附剂，非金属吸附剂以活性炭、分子筛等为吸附剂。从这个角度而言，低温吸附真空泵可分为两类，一种是金属吸附剂低温真空泵，另一种是非金属吸附剂低温真空泵。另外，气体霜也有类似于吸附剂的吸气作用，比如水蒸气、二氧化碳等易冷凝的气体在低温表面凝结成霜的同时，也会同时吸附不易冷凝的气体，从而亦可达到抽气的目的。

3. 低温捕集

低温真空泵所抽除的气体往往都是混合气体（如空气），对某一低温表面而言，往往同时存在可凝性气体和不可凝性气体。在可凝性气体凝结过程中，不可凝性气体亦不断被捕集，其分压力亦随之降低，这也是一种抽气，可称之为低温捕集。

低温捕集抽气过程包括两种情况：其一，当可凝性气体流向低温表面时，裹携的不可凝性气体同时被吸附，或者可凝性气体凝结的低温表面上有尚未离开的不可凝性气体，其被覆盖在凝结的可凝性气体之下而被捕集；其二，可凝性气体在低温表面形成固态沉积层，这是一种多孔、疏松的结晶体，其亦可吸附一定量的不可凝性气体，这与吸附剂捕集类似。

8.3　低温真空泵的结构特点

图 8-7 所示为一种低温真空泵的主体布置图，其第一级冷头与 80K 辐射屏相连，主要抽除水蒸气；第二级冷头与 15K 的低温板相连，抽除可凝性气体；内部的 15K 活性炭床，抽除 He、Ne、Ar 等气体。该结构的特点是单独设有活性炭床，而不是将活性炭涂在低温板的内表面，可提高对惰性气体的抽速。

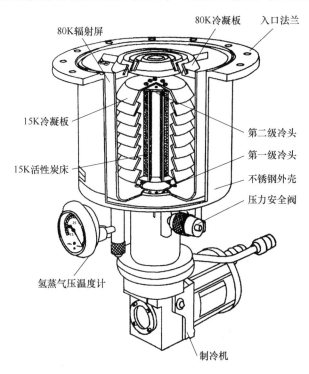

图 8-7　一种低温真空泵的主体布置图

低温真空泵的结构主要包括两部分：泵的主体部分和冷冻机，冷冻机具有马达部和冷冻部，如图 8-8 和图 8-9 所示。其中，马达部配置在低温泵的真空环境之外，在马达部中置有由交流电源驱动的电动机。

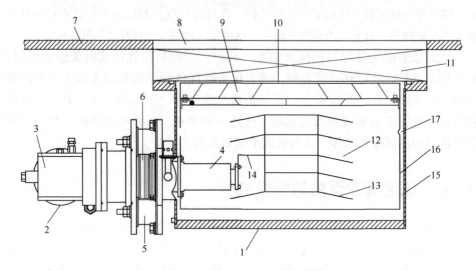

图 8-8　低温真空泵结构示意图

1—泵主体　2—冷冻机　3—马达部　4—冷冻部　5—防振装置　6—波纹管　7—真空室　8—排气口

9—80K 挡板　10—吸气口　11—阀　12—内部零件　13—15K 低温面板　14—安装部件　15—泵壳

16—80K 遮蔽板　17—（遮蔽板与泵壳之间）间隙

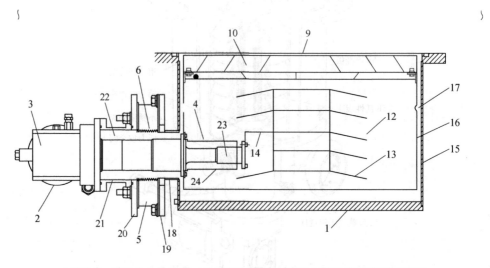

图 8-9　图 8-8 中马达部、冷冻部和低温真空泵内零件位置关系示意图

18—泵壳侧筒体　19—泵壳侧凸缘　20—马达部侧凸缘　21—马达部侧筒体

22—（马达部侧筒体与冷冻部等之间）空间　23—压力缸　24—筒状壳（其他同图 8-8）

1. 主体部件

泵主体部具有能够保持真空气密的泵壳（即真空排气槽），在泵壳上设置有吸气口。在真空室的底面上设置有排气口，吸气口和排气口之间设置有阀。若该阀打开，则泵主体部的内部与真空室的内部连接；若该阀关闭，则泵主体部的内部与真空室的内部隔离开。

在泵壳的内部配置有 80K 挡板、80K 遮蔽板和 15K 低温面板（极低温板）。80K 挡板配置在面对吸气口的位置，80K 遮蔽板分别配置在泵壳内部的底面附近和壁面附近，借助 80K 挡板和 80K 遮蔽板，能够吸收从真空室穿过吸气口向泵主体部流入的辐射热的大部分。

2. 冷冻部件

冷冻部配置在隔热真空环境中，其不受由辐射带来的热输入和由热传导带来的热输入的影响。冷冻部包括泵壳侧筒体、泵壳侧凸缘、波纹管、马达部侧凸缘和马达部侧筒体，所有零件都应借助焊接或弹性体等保持气密。

在泵壳侧筒体与冷冻部之间、泵壳侧凸缘与冷冻部之间、波纹管与冷冻部之间、马达部侧凸缘与冷冻部之间，以及马达部侧筒体与冷冻部之间，均存在空间。

泵壳侧凸缘和马达部侧凸缘借助一个或多个防振装置相互固定。在泵壳侧凸缘与马达部侧凸缘之间配置有能够伸缩的波纹管。将冷冻部包围的空间和泵壳与 80K 遮蔽板之间的间隙连通，处于与低温泵内部零件同样的真空状态。

低温真空泵在压力缸的内部设有产生 80K 以下低温的第一级和 $10 \sim 12K$ 极低温的第二级，80K 挡板和 80K 遮蔽板由冷冻部压力缸的第一级供给低温，分别被冷却到 80K 左右的温度，从真空室的内部穿过排气口和阀入射到吸气口中的气体与 80K 挡板碰撞。碰撞气体中蒸气压较低的气体（主要是 H_2O）被 80K 挡板冷凝，其他蒸气压较高的 N_2、O_2、H_2 和 Ar 等穿过 80K 挡板与 15K 低温面板碰撞。15K 低温面板由压力缸的第二级供给极低温，被冷却到 15K 以下，碰撞到 15K 低温面板上的气体被 15K 低温面板冷凝，或被 15K 低温面板吸附而达到抽气的目的。

3. 防振装置

低温真空泵的结构特点就是振动被衰减，这样就能够在真空室的内部进行高精度的处理。该低温真空泵的防振装置结构如图 8-10 所示，在平行设置且互不接触的第一底板和第二底板之间设有弹性部件。弹性部件具有柔性且是一体的构造。柔性的弹性部件（如合成橡胶或天然橡胶等）受力则变形，不受力则恢复为原来的形状。

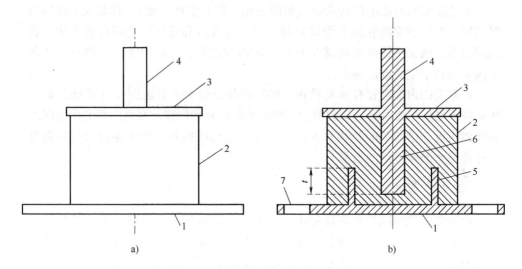

图 8-10　防振装置结构示意图

a）防振装置的侧视图　b）防振装置剖视图

1—第一底板　2—弹性部件　3—第二底板　4—螺纹部　5—外筒体　6—插入体　7—螺纹紧固孔

t—插入体的下端与外筒体的上端之间的距离

电动机等产生的振动从马达部侧凸缘经由防振装置传递给泵壳侧凸缘，振动在弹性部件的内部传递期间因弹性部件而衰减，与马达部侧凸缘的振动相比，泵壳侧凸缘的振动变小。因泵壳固定在真空室上，故传递给泵壳的振动向真空室传递，但由于该振动被衰减，所以传递给对位装置的振动变小。

8.4　低温真空泵的基本参数确定

8.4.1　极限压力

在分子流状态下，根据分子运动论，打在冷壁上的气体分子中有少部分分子将被反射出去，而已经被冷凝的气体分子中也有一部分将蒸发出去。当凝结（吸附）速率与蒸发速率达到平衡时，抽速为 0，此时极限压力 p_g 为

$$p_{\mathrm{g}}=\frac{1}{a}p_{\mathrm{s}}\sqrt{\frac{T_{\mathrm{g}}}{T_{\mathrm{s}}}} \tag{8-1}$$

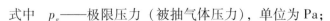

式中 p_g——极限压力（被抽气体压力），单位为 Pa；

$\quad\quad p_s$——冷凝物上的蒸气压力（冷凝面温度下，被抽气体的蒸气压力），其
值随温度而变化，单位为 Pa；

$\quad\quad T_g$——被抽气体温度，单位为 K；

$\quad\quad T_s$——冷凝面温度，单位为 K；

$\quad\quad a$——凝结系数（黏附概率）。

若低温真空泵带有低温吸附板，则 p_s 为 T_s 下的吸附平衡压力 p_e（p_e 远低于
p_s）。在 4.2K 温度下，除 He、H_2、Ne 以外，各种气体的 p_s 均很低。对于 He、
H_2、Ne 等难以冷凝的气体而言，采用低温吸附方法除气比较有效。

当冷凝表面温度非常低（如液 He 的温度）时，$a \to 1$，则

$$p_g = p_s \sqrt{\frac{T_g}{T_s}}$$

在实际应用中，为了方便计算凝结系数 a，可将其定义为有效凝结系
数 a_s。

有效凝结系数 a_s 可通过实测得出，即

$$a_s = S / S_{max}$$

式中 S——低温真空泵的实测抽速，单位为 L/s；

$\quad\quad S_{max}$——低温真空泵的理论最大抽速，单位为 L/s。

8.4.2   抽速

（1）几何抽速 几何抽速可分为分子流状态下的几何抽速和过渡流及黏滞
流状态下的几何抽速。

1）分子流状态下的几何抽速（正常工作压力范围）可由下式求得：

$$S_{max} = 3.64A \sqrt{\frac{T_g}{M}} \tag{8-2}$$

式中 A——低温真空泵冷却表面面积，单位为 cm^2；

$\quad\quad T_g$——被抽气体温度，单位为 K；

$\quad\quad M$——被抽气体分子量。

2）过渡流及黏滞流状态下的几何抽速可由下式求得：

$$S_{max} = A \sqrt{\frac{kRT_g}{M}} \left(\frac{2}{k+1}\right)^{-\frac{k+1}{2(k-1)}} \tag{8-3}$$

式中 k——气体绝热系数；

$\quad\quad R$——摩尔气体常数。

计算表明，过渡流及黏滞流状态下的几何抽速大于分子流状态下的几何抽

速。同时，几何抽速 S_{max} 与被抽气体的压力和冷凝面温度（冷面温度）T_s 无关。显然，这是不可能的。因为当被抽气体压力等于冷凝物在冷面温度下的平衡压力时，低温真空泵就失去了抽气能力，此时抽速为零，故几何抽速与实际抽速是不同的。

（2）实际抽速 低温真空泵的抽速受诸多因素的影响，包括被抽气体的压力、低温表面温度、凝结系数、辐射挡板等因素。

1）被抽气体的压力 p 与低温表面温度 T_s 对低温真空泵的抽速的影响可由下式求得：

$$S_{pt} = S_{max}\left(1 - \frac{p_s}{p}\sqrt{\frac{T_g}{T_s}}\right)$$

式中 p_s——冷凝物上的蒸气压力，其值随温度而变化（图 8-5），单位为 Pa；

T_s——冷凝面温度（低温表面温度），单位为 K。

被抽气体的饱和蒸气压力 p_s 随温度 T_s 呈指数下降，当被抽气体的压力一定时，低温表面的温度 T_s 越低，实际抽速越接近理想抽速。故应尽可能让低温表面的温度与制冷机冷头（或冷剂）的温度保持一致，这样才能获得理想的抽速。一般而言，冷凝物上的蒸气压力 p_s 的数值很小，故被抽气体压力 p 对抽速的影响并不大，这种影响只有在低压力范围内才较为明显。

2）凝结系数（即冷凝捕获系数）a 对低温真空泵抽速的影响可由下式求得：

$$S_a = aS_{max}\left(1 - \frac{p_s}{p}\sqrt{\frac{T_g}{T_s}}\right) = 3.64aA\sqrt{\frac{T_g}{M}}\left(1 - \frac{p_s}{p}\sqrt{\frac{T_g}{T_s}}\right) \tag{8-4}$$

根据低温抽气原理，凝结系数 a 可定义为

$$a = \frac{N - N_1 - N_2}{N}$$

式中 N——入射到低温表面的气体分子数；

N_1——被反射的气体分子数；

N_2——被蒸发的气体分子数（即被吸附的分子中在表面停留一段时间后又解吸了的分子数），若低温表面温度很低，N_2 可忽略不计。

凝结系数受很多因素的影响，可根据实验数据得出常用的数值。

3）低温真空泵辐射挡板对抽速亦有影响。一般情况下，低温抽气表面不能在室温下直接暴露给气源。在超高真空下，来自辐射的热负荷会超过来自气体分子冷凝的热负荷。为减少低温真空泵对低温介质的消耗，减轻低温板的热负荷，低温抽气面要用光密闭的具有中间温度的防辐射挡板加以屏蔽，如图 8-11 所示。

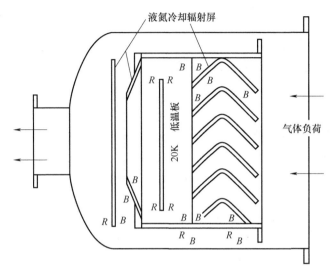

图 8-11　带辐射屏的低温真空泵

B—涂黑表面　R—反射表面

低温真空泵的抽速受到辐射屏流导的影响，其抽速 S_u 为

$$\frac{1}{S_u} = \frac{1}{S_a} + \frac{1}{u}$$

式中　　S_u——考虑辐射屏流导影响的抽速，单位为 L/s；

$\quad\quad$ S_a——无辐射屏低温板的抽速，单位为 L/s；

$\quad\quad$ u——辐射屏的流导，单位为 L/s。

挡板的形状可根据需要制作，其通导能力（流导）可采用蒙特卡罗等方法计算得出。

4）凝结层对抽速亦产生影响。低温真空泵在工作一段时间后，低温表面将凝结一定厚度的固态气体层。气体分子在低温表面上不断凝聚时，先形成单分子层，接着形成多分子层，直到凝结成有一定厚度的固态凝结层，它的存在对低温真空泵的抽速具有一定的影响。

气体分子入射到低温凝结层时，把气体分子本身所具有的一部分能量传递给凝结层，分子吸附时还将释放吸附热（等于汽化热）。此外，凝结层还将受到周围环境的热辐射。因此，凝结层除了底层与冷剂或冷面温度一致外，其表面温度均高于冷面温度。

凝结层对低温真空泵抽速的影响取决于其性质，亦即取决于冷凝层的结构和类型。如果沉积速率低，冷凝层形成一个玻璃状外表，凝结层导热好，对抽速几乎无影响；如果沉积速率高，冷凝层出现类似雪花状结构，导热不好，会降低抽速，但对捕集非凝结性气体有利。

8.4.3 排气量

低温真空泵的排气量 Q 即抽气容积，它是指泵的抽速下降至零或下降30%时所抽除的气体总量。其计算式如下：

$$Q = Spt_{max}$$

式中 S——抽速，单位为 L/s；

p——工作压力，单位为 Pa；

t_{max}——最长抽气工作时间（泵开始工作到抽速下降至初始抽速的 70% ~ 80%所用的时间），单位为 s。

低温真空泵的极限压力越低，允许的排气量越少。因为排气量越大，在冷板表面凝结的固态沉积物就越多，层厚越大。但只有沉积层的底层才直接与低温板接触，接近冷凝温度。由于沉积层的热阻，使沉积层表面部分的温度较高，且沉积层越厚，表面温度越高，从而使气相中的平衡压力升高，极限压力随之升高。故低温真空泵的排气量应视其要求的极限压力而定。

8.4.4 制冷时间、功率及温度

低温真空泵的制冷时间是指其开始制冷到达到额定温度所需的时间，它与多种因素有关。

在冷液式泵中，它与冷剂的流量、蒸发速率、热负荷、制冷时的真空度以及泵的结构等多种因素有关。

在制冷机低温泵中，它与制冷机的机型、制冷量、热负荷、制冷时的真空度、启动压力以及泵的结构等多种因素有关。

一般而言，小型泵制冷时间不大于90min，大型泵制冷时间不大于180min。

为了得到相同的极限压力，对于不同的气体，所需要的低温表面的温度及冷量完全不同。对于同一种气体，当用不同的抽气方法时，为了获得相同的极限压力，所需要的低温表面及冷量也不相同。根据热力学第二定律，为了获得低温 T_s 的制冷量 q_s，所需的最小功率 P_{min} 为

$$P_{min} = \frac{q_s}{T_s}(T_a - T_s)$$

式中 T_a——室温温度，单位为 K。

温度 T_s 越低，实际消耗的功率就越大，花费的成本就越高。在能达到的相同极限压力和抽速的情况下，应尽可能提高温度 T_s 并减少其热负荷（泵对冷量的消耗）。

8-1　低温真空泵适用在哪个真空范围内工作？

8-2　解释低温真空泵的工作原理。试分析图 8-12 所示 CRYO-U12H 型低温真空泵的结构和功能。

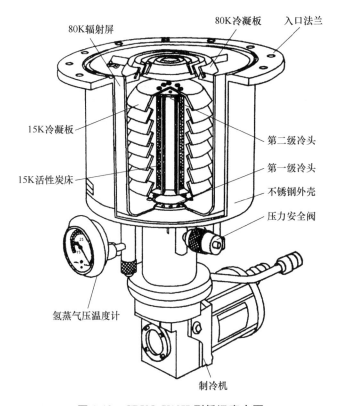

图 8-12　CRYO-U12H 型低温真空泵

8-3　低温真空泵为什么要分别在黏滞流、黏滞-分子流和分子流状态下进行几何抽速计算？

第9章 分子真空泵

【学习导引】

【学习导引】

　　本章使读者了解分子真空泵的结构、工作原理和性能特点。学习本章重点关注以下四点：①了解牵引分子泵、涡轮分子泵和复合分子泵的工作原理；②了解分子泵的结构和旋转部件的支撑方式；③理解为什么分子泵适用于高真空；④了解分子泵的基本参数。

　　分子真空泵（简称分子泵）是一种动量真空泵，它属于气体传输真空泵的范畴。分子真空泵是牵引真空泵、涡轮真空泵和复合真空泵的统称。早期的分子真空泵都是牵引分子真空泵。牵引分子真空泵因其密封间隙小、机械故障多、抽速低、对加工精度要求较高等缺点而实际应用较少，故涡轮分子真空泵和复合分子真空泵这两种新型的分子真空泵相继问世，如图9-1所示。分子真空泵在中真空、高真空以及超高真空、极高真空领域均有应用。

a) 　　　　　　　　　　　b)

图9-1　分子真空泵

a) 涡轮分子真空泵　b) 复合分子真空泵

9.1　分子真空泵的种类

9.1.1　基于转子结构特征的分类

　　从转子结构特征看，分子真空泵可分为牵引分子真空泵、涡轮分子真空泵和复合分子真空泵三种类型。

1. 牵引分子真空泵

牵引分子真空泵（简称牵引分子泵）是在分子流区域内依靠高速运动的刚体表面把动量传递给气体分子，使气体分子在刚体表面的运动方向上产生定向流动，从而达到抽气的目的。通常将以高速运动的刚体表面携带气体分子，并使其按一定方向运动的现象称为分子牵引现象，这也是牵引分子真空泵名称的由来。它可单独使用，也可作为复合分子真空泵的前级泵使用。

牵引分子真空泵腔内的转子四周带有用挡板隔开的沟槽。每一个沟槽就相当于一个单级分子泵，后一级的入口与前一级的出口相连。转子与泵壳之间有0.01mm 的间隙。气体分子由入口进入泵腔，被转子携带到出口侧，经排气管道由前级泵抽走。牵引分子泵的优点是启动时间短，在分子流态下有很高的压缩比，能抽除各种气体和蒸气，特别适于抽除较重的气体。牵引分子真空泵除特殊需要外而实际应用较少，甚至曾一度被结构简单的扩散真空泵所取代。

2. 涡轮分子真空泵

涡轮分子真空泵（简称涡轮分子泵）是一种依靠高速旋转的叶片携带气体分子以获得超高真空的清洁无油机械真空泵，它是利用高速旋转的动叶片和静止的定叶片相互配合以达到抽气目的的真空泵（图9-2）。涡轮分子真空泵动叶片的线速度以及转子的转速都很高，故其转子会因动平衡问题而引起共振，从而导致轴承磨损，进而导致泵的使用寿命缩短。

3. 复合分子真空泵

复合分子真空泵（简称复合分子泵）是一种有别于传统涡轮分子真空泵和牵引分子真空泵的新型分子真空泵（图9-3），其显著特征是泵的进气口侧有一级及以上的涡轮分子泵抽气单元，泵的排气口侧有一级及以上的牵引分子泵抽气单元，两种抽气单元串联抽气，因而兼具两者优点而克服其缺点。

图9-2 涡轮分子真空泵　　　　　图9-3 复合分子真空泵

9.1.2 基于轴承特性不同的分类

轴承是分子泵的关键部件。从轴承特性上看，分子真空泵可分为磁悬浮轴承分子真空泵、空气轴承分子真空泵和机械轴承分子真空泵。

1. 磁悬浮轴承分子真空泵

磁悬浮轴承分子真空泵（简称磁悬浮分子真空泵）就是使用磁悬浮轴承的分子真空泵，如图9-4所示。磁悬浮轴承是利用磁力作用使转子悬空，因而转子与定子之间没有机械接触，也就不存在摩擦，如图9-5所示。磁悬浮轴承磁力线与磁浮力线方向垂直，轴芯与磁浮力线方向平行，故转子重量就固定在运转的轨道上，利用几乎无负载的轴芯往磁浮力线反方向顶撑，使整个转子悬空。当传感器检测出转子偏离参考点的位移时，作为控制器的微处理器将检测到的位移转换为控制信号，功率放大器随之将这一控制信号转换为控制电流，控制电流在执行电磁线圈中产生磁力，从而使转子维持其稳定悬浮位置不变。悬浮系统的刚度、阻尼以及稳定性由控制系统决定。

图 9-4　磁悬浮轴承分子真空泵

2. 空气轴承分子真空泵

空气轴承分子真空泵就是使用空气轴承的分子真空泵。空气轴承（也称为气浮轴承）以空气或其他气体作为轴承润滑剂，它通过轴承滑动副表面之间形成的压力空气膜将负载支撑起来，工作时滑动副表面之间完全由空气膜隔开，因此与磁悬浮轴承一样，也不存在机械接触，因而也无摩擦。当空气轴承未通电时，轴承滑动副表面直接接触。通过相对运动或外部压力源，空气或气体在两个静态物体之间被加压。由于通过预紧力使间隙保持很小，因此空气缓慢逸出到大气中并因此产生压力。当压力变得足够大时，合力将使上部元件离开固

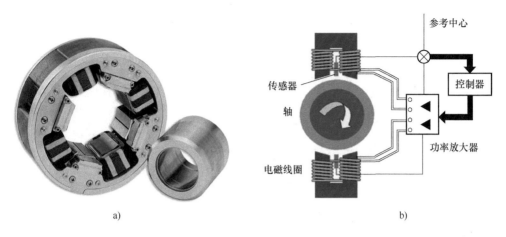

a)   b)

图 9-5 磁悬浮轴承及其工作原理示意图

a）磁悬浮轴承 b）磁悬浮轴承工作原理示意图

定元件一小段距离，直至达到静态平衡。气隙距离由施加的总负载量和分离液中的流体压力决定，较大的压力导致较大的分离。

根据压力空气膜形成机理，空气轴承主要分为空气动压轴承和空气静压轴承两种类型。

空气动压轴承的压力空气膜是通过滑动副的相互运动将空气带入滑动副表面之间收敛性的区域而形成的，气膜大致为楔形，如图 9-6a 所示。由于空气动压轴承不需要外部气源，因此也称为"自作用轴承"。空气静压轴承的压力空气膜是由外部的压缩空气通过节流器导入滑动副表面之间形成，如图 9-6b 所示。空气静压轴承需要洁净的外部气源。

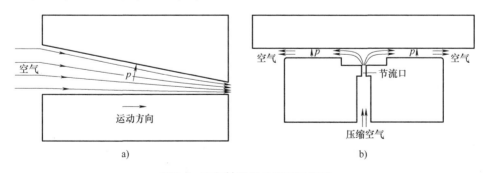

a)   b)

图 9-6 空气轴承工作原理示意图

a）空气动压轴承工作原理示意图 b）空气静压轴承工作原理示意图

空气轴承由轴承内圈和外圈组成，外圈上有空气的进出口孔，内圈上有喷嘴，如图 9-7 所示。它具有摩擦阻力极低、适用速度范围极大、适用温度范围广、清洁无污染等优点，但其承载能力低、加工精度要求高。

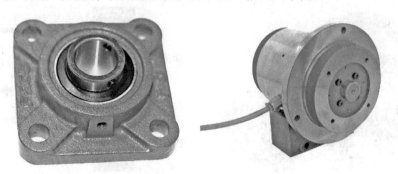

图 9-7　空气轴承

9.2　分子真空泵的工作原理

9.2.1　牵引分子真空泵的工作原理

牵引分子真空泵是依靠高速运动的刚体表面携带气体分子一起运动以达到抽气目的的，也就是依靠气体分子与高速旋转的刚体外表面摩擦而产生的气体输运现象而抽除气体。

世界上第一台牵引分子真空泵的结构如图 9-8a 所示，早期改进后的牵引分子真空泵的结构如图 9-8b 所示。牵引分子真空泵内有旋转的转子，转子的四周为用挡板隔开的沟槽。这种牵引分子真空泵抽速小、结构复杂。改进后的转子可做成圆柱形或圆盘形，其性能得到提高。现代的分子真空泵在结构上进一步改进，一般作为复合分子真空泵的前级使用，亦可单独使用。

9.2.2　涡轮分子真空泵的工作原理

涡轮分子真空泵的一个转子叶列工作原理如图 9-9 所示。叶列由一组相互平行的平板叶片构成。叶片的倾角为 α，叶片厚度为 t，叶片的节距为 a，叶片弦长为 b。转子叶片将空间分割成空间 1 和空间 2。气体分子从空间 1 经叶片通道进入空间 2 的通过概率为 P_{12}。从 A_1—A_1 面的左侧入射的气体分子进入空间 2 侧的通过概率大于从 A_2—A_2 面入射的气体分子进入空间 1 侧的通过概率 P_{21}。转子的运动速度 $\bar{u}$，其运动方向如图 9-9a 所示。

在空间 1 和空间 2 内的气体分子的速度分布如图 9-9b、c 所示，但仅有一半的速度矢量是朝向 A_1—A_1 面和 A_2—A_2 面的。气体分子都以相同的平均热运动速度 $\bar{u}_c$ 运动，为简化起见，可令 $\bar{u} = \bar{u}_c$。

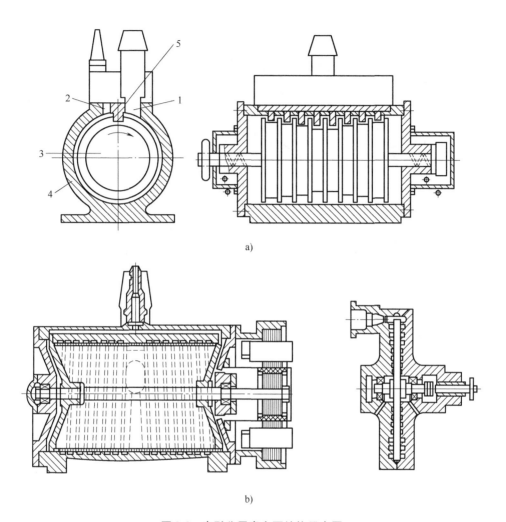

图 9-8　牵引分子真空泵结构示意图

a) 盖德（Gaede）牵引分子真空泵　b) 改进后的牵引分子真空泵

1—吸气口　2—排气口　3—转子　4—泵体　5—挡块

　　在动叶列上观察两侧气体分子的相对速度分布如图 9-9d、e 所示。假设 $A_{1,0}$—$A_{2,0}$—$A'_{1,0}$—$A'_{2,0}$ 之间的叶片通道空间为 K。

　　从左侧空间 1 入射到表面元 dA_1 上的气体分子速度分布如图中所示，在与两个叶片面成 β_1 的扇形空间内，气体分子可自由地通过叶片通道。在 $A_{1,0}$ 和 $A'_{1,0}$ 之间任取表面元 dA_1 所对应的 β_1 角略有不同。在 $A_{2,0}$ 和 $A'_{2,0}$ 之间取 dA_2，的入射气体分子的入射角 β_2。则没有气体分子从右边向左边自由地飞过 K 区。因此，从叶片运动的观点看，由空间 1 向空间 2 自由飞过 K 区的通过概率 P_{12free} 大于由空

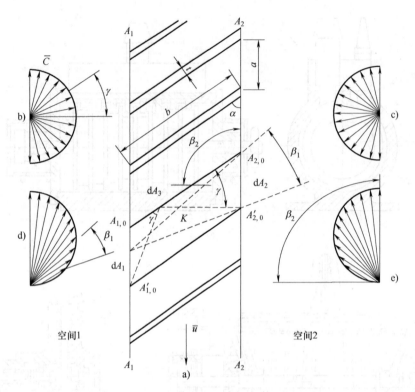

图9-9　涡轮分子真空泵的工作原理示意图

间2向空间1自由飞过 K 区的通过概率 P_{21free} ，即 $P_{12free}>P_{21free}$ 。

不能直接飞过 K 区的气体分子则要入射到叶片的上壁 $A_{1,0}$—$A_{2,0}$ 或下壁 $A'_{1,0}$—$A'_{2,0}$ 上。因此，这些气体分子将被吸附在壁上并停留一段时间后被解吸，各向同性地向半空间发射，因为叶片表面的温度与气体分子的温度相同，所以发射的气体分子的热运动速度为 $\bar{u}_c$ 。取特殊的表面元 dA_3 （ dA_3 的选取面位于 $A'_{1,0}$—$A'_{2,0}$ 的中间），故空间3上解吸的气体分子入射到空间1侧和入射到空间2侧的概率相等（因为 dA_3 对 $A_{1,0}$—$A'_{1,0}$ 面和对 $A_{2,0}$—$A'_{2,0}$ 面的张角是相同的，均为 γ ）。从叶片的几何关系看，对 dA_3 右边的所有表面元对空间2侧的张角 γ_2 总是大于对空间1侧的张角 γ_1 ，即 $\gamma_2>\gamma_1$ 。因为左侧的单元数少于右侧的单元数，因此由壁上解吸的气体分子朝向空间2侧的数量要大于朝向空间1侧的数量。同样得知，对 $A'_{1,0}$—$A'_{2,0}$ 壁的作用相反，但粒子数目逐渐减少。总而言之，从壁上解吸的气体分子进入空间2侧的粒子数大于进入空间1侧的粒子数。因为解吸的粒子还可能入射到相对的叶片壁上再被吸附和解吸，最后传输到空间1侧或空间2侧的粒子不是显而易见的，只能从大量的计算中才能得到。

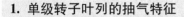

1. 单级转子叶列的抽气特征

涡轮分子真空泵的一个单叶列的简化模型如图 9-10 所示。经过叶列的气体分子的平均自由程远远大于叶列通道的几何尺寸，气体分子以麦克斯韦速度分布，以平均热运动速度运动，在叶列上吸附及解吸遵守余弦定律。因叶片的厚度 t 远小于节距 a，故可略去不计。在半径方向上叶片的运动速度认为是常量 $\bar{u}$。对于叶片的参数通常以倾角 α、节弦比 $s_0 = a/b$ 和无因次速度比 $C_1 = \bar{u}/\sqrt{2RT/M}$ 来表征。

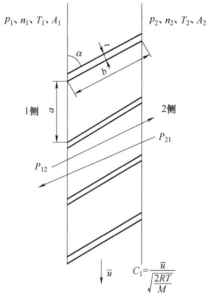

图 9-10　单叶列简化结构图

从 1 侧到 2 侧的通过概率为 P_{12}，从 2 侧到 1 侧的通过概率为 P_{21}。在 1 侧的气体分子密度为 n_1，压力为 p_1，气体温度为 T_1，通道口面积为 A_1，在 2 侧相应的为 n_2、p_2、T_2 和 A_2。

气体分子从 1 侧到 2 侧面的净气流量为

$$\frac{\bar{u}_c n_1}{4} A_1 H = \frac{n_1 \bar{u}_c}{4} A_1 P_{12} - \frac{n_2 \bar{u}_c}{4} A_2 P_{21}$$

式中　H——表征抽气速率的抽气系数（即何氏系数）。

若 $A_1 = A_2$，$T_1 = T_2$，$p_2/p_1 = n_2/n_1$，则气体分子从 1 侧到 2 侧面的净气流量为

$$H = P_{12} - \frac{p_2}{p_1} P_{21}$$

$$\frac{p_2}{p_1} = \frac{P_{12}}{P_{21}} - \frac{H}{P_{21}}$$

若 $p_1 = p_2$（即 $n_1 = n_2$），则可得到最大抽气系数 $H_{\max}$ 为

$$H_{\max} = P_{12} - P_{21}$$

若 $H = 0$（即抽速等于零时），则可得到最大压缩比 $K_{\max}$ 为

$$K_{\max} = \left(\frac{p_2}{p_1} \right)_{\max} = \frac{P_{12}}{P_{21}}$$

在分子流范围内，单叶列的抽气特征就可用最大抽气系数 $H_{\max}$ 和最大压缩比 $K_{\max}$ 来表示并由上面两个公式求出。

气体分子通过叶列的通过概率 P_{12} 和 P_{21} 与叶列的速度比 C_1、叶列倾角 α 和叶列的节弦比 a/b 有关。通常 P_{12} 和 P_{21} 可用积分方程法、蒙特卡罗方法、传输矩阵法和角系数法求得，亦可由相应的涡轮分子真空泵单叶列抽气性能表查得。

2. 多级转子叶列的抽气特征

涡轮分子真空泵都是由多级叶列串联组成的，即转子、定子、转子、定子、转子……依次序交替排列。叶列的级数是由泵要求的压缩比来确定的，一般涡轮分子真空泵都有 15~31 级叶列。

通常以单叶列的抽气特性为基础来讨论多级叶列的抽气性能。多级叶列是由单级叶列组成的，它和多级泵是由单级泵串联起来的情况类似。第一级叶列的入口为泵的入口侧，最末级叶列的出口为泵的前级侧。多级叶列总的正向和反向的传输概率也可用蒙特卡罗法和近似法计算。

多级叶列首先应该注意的问题是如何去选择这些组成多级叶列的单叶列的几何尺寸和形状。从上述的单叶列的抽气特性的分析结果看，几何形状不同的叶片其抽气特性是不同的。因此，在多级叶列组合时，在泵的吸入侧附近应选择抽速大的叶片形状，其压缩比可相对小一些。在经过几级叶列压缩之后，压力增大，抽速下降，这时就应选压缩比高、抽速低的叶片形状。这样安排叶列，整个涡轮分子真空泵的抽气性能就会呈现出抽速高、压缩比大和级数少的特征。

欲提高叶列的抽速，则叶列的几何参数就应选择 $a/b \geqslant 1$，$\alpha = 30° \sim 40°$。

欲提高叶列的压缩比，则叶列的几何参数就应选择 $a/b \geqslant 0.5$，$\alpha = 10° \sim 20°$。

叶片的速度比 C_1 值越高，叶列的抽气性能越好。但是，由于叶列受强度与气体摩擦生热的限制，C_1 值并非越高越好，一般以 $C_1 \leqslant 0.1$ 为佳。

在叶列之间向左向右流动的气体分子是不符合麦克斯韦速度分布的。然而按麦克斯韦速度分布计算，其误差亦不大，为使计算简化，故可用叶列按麦克斯韦速度分布得到的传输概率来表示涡轮分子真空泵串联叶列的传输概率。

对于定子叶列可以用对转子叶列相同的方法计算。当定子的两侧均为转子时，本质上和转子叶列的两侧均为定子叶列的情况相同。若观察者站在转子叶列上去观察定子叶列，就会发现定子叶列以转子叶列相反的方向旋转。这个观

察者可以是被抽气体分子本身。如果定子叶列一侧是自由空间（没有转子叶列），则速度比 $C_1 = 0$，即气体分子与定子叶列不存在相对速度 $\bar{u}$。故通常情况下，涡轮分子真空泵的第一级叶列和最后一级叶列均为转子叶列，则每一级叶列都能发挥应有的抽气作用。

9.3　涡轮分子真空泵的结构特点

涡轮分子真空泵由主轴、泵壳、转子叶列和定子叶列等部件构成。涡轮分子真空泵的叶列是几何相似的，而转子叶列槽的方向与定子叶列槽的方向恰好相反。涡轮分子真空泵叶列的分布情况如图 9-11 所示。

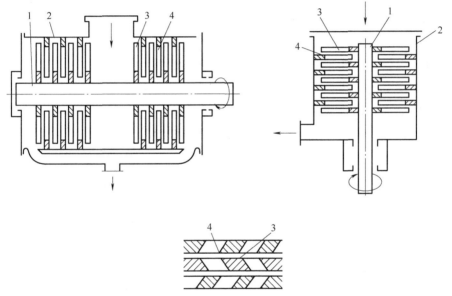

图 9-11　涡轮分子真空泵叶列分布示意图
1—主轴　2—泵壳　3—转子叶列　4—定子叶列

涡轮分子真空泵的抽气组件由多级转子叶列和多级定子叶列相间排列组成。通常选择不同几何参数的叶列组成高、中、低三个抽气段。高段以提高抽速为目的而选择叶列的几何参数，低段以提高压缩比为目的而选择叶列的几何参数，中段作为高段向低段的过渡段，既要考虑适当的抽速又应兼顾压缩比，从而达到合理的匹配以满足流量（Q＝常数）的要求。

涡轮分子真空泵的转子通常由中频电动机或者气动马达驱动。

涡轮分子真空泵的叶列间都存在间隙，如图 9-12 所示。涡轮分子真空泵的定子叶列内孔与轴之间的间隙为 δ_1，转子叶列顶端与泵壳之间的间隙为 δ_2，转子叶列与定子叶列之间的间隙为 δ_3。实际的安装间隙是根据安装条件而定的。

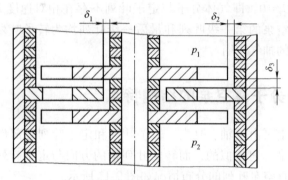

图 9-12 叶列的安装间隙示意图

为防止叶列振动相碰，工作轮外径 D_2 增大时，则间隙 δ_3 的值也要相应增大。

如工作轮外径 $D_2 = 100 \sim 200\text{mm}$，则 $\delta_3 = 1 \sim 1.2\text{mm}$。

如工作轮外径 $D_2 = 500 \sim 700\text{mm}$，则 $\delta_3 = 2 \sim 2.5\text{mm}$。

间隙 δ_1、δ_2、δ_3 的值对叶列的抽速和压缩比影响很大，故需尽量在许可条件下选较小值。间隙 δ_2 的选取为径向间隙的环形面积 A_2 与转子叶轮槽的抽气面积 A_p 之比，即 $A_2/A_p = 0.02$，则间隙返流的面积为正向抽气面积的 2%。环形间隙 δ_1 的选取为其面积 A_1 与定子叶列的抽气面积 A_c 之比，即 $A_1/A_c = (4 \sim 6) \times 10^{-3}$。

为能稳定工作，涡轮真空泵在制造时要做好转子的动平衡。转子许可的不平衡量为

$$G = 0.107m/n$$

式中　m——转子的质量，单位为 g；

　　　n——转子的旋转频率，单位为 s^{-1}。

涡轮分子真空泵的轴承在用油或油脂润滑的条件下，轴承直径 d（单位为 mm）与旋转频率 n（单位为 s^{-1}）的乘积应低于临界值，即

$$dn \leqslant 13000\text{mm/s}$$

9-1　根据结构特征不同，分子泵可分为几类？根据分子泵旋转体支撑轴承特性不同，分子泵又可如何分类？

9-2　复合分子泵在性能上有什么优势？说明理由。

9-3　为使涡轮分子泵能稳定工作，其转子的最大不平衡量的限定值是多少？轴承在用油或油脂润滑的条件下，轴承直径 d 与旋转频率 n 的乘积临界值应为多大？

第10章 真空系统

【学习导引】

　　本章使读者了解真空系统的基本组成、真空系统性能实验装置及真空泵性能参数测量方法。学习本章重点关注以下六点：①了解真空室、真空测量仪和真空阀门；②了解常见的几类真空机组的系统组成和配置要求；③了解容积式真空泵标准实验台的组成及测试参数；④了解一种真空机组性能实验装置及实验方法；⑤掌握真空泵测试参数的相关换算；⑥基本了解机组选泵与配泵原则。

　　真空系统就是用来获得有特定要求的真空度的抽气系统。在一个真空系统中，真空获得设备（即真空泵）必不可少。此外，真空容器（即真空室）、真空测量仪器、真空阀门、真空装置自动控制系统等亦不可或缺。一个最简单的真空系统如图 10-1 所示。

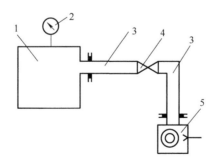

图 10-1　真空系统示意图

1—被抽容器　2—真空测量仪　3—真空连接管道　4—真空阀门　5—真空泵

　　最简单的真空系统只能在被抽容器内获得低真空度。如果需要获得高真空度，则还需要在最简单的真空系统中串联一个高真空泵。在高真空泵的入口和出口需要装上真空阀门，以便保证高真空泵能单独保持真空。

10.1 真空室

真空室（即真空容器）是真空装置的主要部件。在真空室配置不同的功能部件，真空装置就能实现不同的功能，如真空冶炼、真空镀膜、真空空间环境模拟实验等。

1. 真空室材料

真空室一般用金属轧制板材制成。对材料的要求是可焊性和气密性好。对于真空度要求不高的真空室，所用材料通常为碳钢、合金钢、铝材、铜材等。对真空度要求高而又要求耐腐蚀的真空室，一般采用不锈钢。

2. 真空室极限压力

真空室所能达到的极限压力（真空度）p_j 可由下式求出：

$$p_j = p_0 + \frac{Q_0}{S_p} \tag{10-1}$$

式中　p_0——真空泵的极限真空度，单位为 Pa；

$\quad\quad Q_0$——空载时长期抽气后真空室的气体负荷（包括漏气、材料表面出气等），单位为 Pa·L/s；

$\quad\quad S_p$——真空室抽气口附近泵的有效抽速，单位为 L/s。

真空室的极限真空度通常低于真空机组的极限真空度，两者之差取决于 Q_0/S_p。在抽气口附近泵有效抽速一定的条件下，真空室的极限真空度正比于真空室的漏气和出气。漏气量主要由真空室的极限真空度和工作压力决定。一般选取应低于工作状态下气体负荷的 1/10。

3. 真空室抽气口处泵的有效抽速

简单真空抽气系统原理如图 10-2 所示。真空室的气体负荷 Q 通过流导为 U 的管道被真空机组或真空泵抽出，有效抽速为 S，管道入口和出口的压力分别为 p 和 p_p，真空泵的抽速为 S_p。在动态平衡时，流经任意截面的气体流量都相等，则真空室抽气口处泵的有效抽速为

$$S = \frac{US_p}{U + S_p} \tag{10-2}$$

亦即

$$\frac{1}{S} = \frac{1}{S_p} + \frac{1}{U}$$

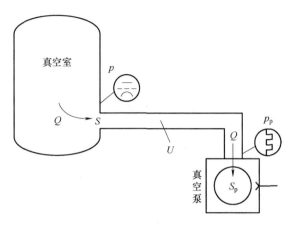

图 10-2 简单真空抽气系统原理示意图

在 S_p 为定值时，真空抽气系统的有效抽速随管道流导而变化，有效抽速、机组抽速与流导三者之间的关系如图 10-3 所示。

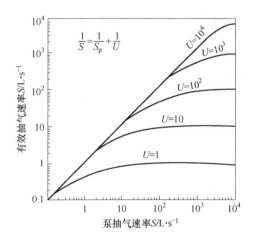

图 10-3 有效抽速、机组抽速与流导之间的关系曲线

如果管道的流导很大（$U \gg S_p$）时，则 $S \approx S_p$，在这种情况下，有效抽速 S 只受泵的限制。如果管道的流导很小（$U \ll S_p$）时，则 $S \approx U$，在这种情况下，有效抽速 S 就受到管道流导的限制。因此，为了提高泵的有效抽速，就必须使管道流导尽可能大，为此管道应该短而粗，尤其是高真空管道更应如此。

一般对于高真空管道而言，根据具体情况不同，泵的抽速损失不应大于 $40\% \sim 60\%$，而对于低真空管道而言，泵的抽速损失应在 $5\% \sim 10\%$ 之间。

4. 真空室局部出气对真空系统计算的影响

稳态出气过程中，恒定气体量获得的平衡压力（忽略泵的极限压力）为

$$p_1 \approx \frac{Q}{S}$$

实际出气量随抽气时间而缓慢变化。非稳态出气时，真空室瞬态压力为

$$p = (p_i - p_0 - p_1) \mathrm{e}^{-\frac{S}{V}t} + p_0 + p_1$$

式中　p——真空室内压力，单位为 Pa；

　　　p_i——时间 $t = 0$ 时的起始压力，单位为 Pa；

　　　p_0——抽气机组的极限压力，单位为 Pa；

　　　p_1——某一时刻 t 时的平衡压力，即出气量 Q 与机组有效抽速 S 之比 $\left(p_1 \approx \dfrac{Q}{S}\right)$，单位为 Pa；

　　　V——真空室容积，单位为 m^3；

　　　S——机组有效抽速，单位为 L/s；

　　　t——压力由 p_i 到 p 的时间，单位为 s；

　　　Q——出气量，单位为 $\mathrm{Pa \cdot L/s}$。

真空室的极限压力为 p_0 与 p_1 二者之和。

当 $p_0 \ll p_1$ 时，真空室内压力取决于出气，即 $p_1 \approx \dfrac{Q}{S}$。

当 $p_0 > p_1$ 时，出气可以忽略不计时，真空室内压力取决于泵的极限压力。

当 $p_0 \approx p_1$ 时，真空室内压力为二者之和。

10.2　真空测量

真空测量仪器包括真空计和真空规管两类。真空计是测量低于一个大气压的气体或蒸气压力的仪器；真空规管又称真空规头，它含有压力敏感元件并直接与真空系统连接。

1. 真空计

真空计的种类很多，每种真空计都有各自的量程即测量范围，亦有各自的适用对象。有的真空计可以直接读取气体压力，有的真空计只能通过一些与气体压力有函数关系的物理量来间接确定气体压力。

（1）绝对真空计　绝对真空计可从其本身测得的压强物理量中直接算出气体的压力值，包括弹性元件真空计、压缩式真空计、薄膜电容真空计、U 形管

压力计等。

（2）相对真空计 相对真空计需通过测量与气体压力有关的物理量变化来间接地测量出压力的变化，包括热电阻真空计、热电偶真空计、电离真空计、分压力真空计等。

2. 绝对真空度与相对真空度

真空度可以用"绝对真空度""绝对压力"表示，指的是被测对象的实际压力值，需要用绝对压力仪表来测量。如在海拔高度为 0 和温度为 20℃的条件下，绝对压力仪表（绝对真空表）的初始值为一个标准大气压（101325Pa）。绝对真空度表示的是比"理论真空"的压力高多少。

真空度一般用"相对真空度""相对压力"表示，指的是被测对象的压力与测量地点大气压之间的差值。这只要使用普通真空表即可测量。如在非真空状态下，真空表的初始值为 0（图 10-4）。当测量真空时，真空表的值介于 0 与 -101325Pa 之间。真空表上的"0"表示正一个大气压即 101325Pa，"-0.1"表示绝对真空即压力为 0。相对真空表上的读数表示的是真空度的相对值，而不是绝对值，它表示的是被测量的压力比大气压低多少。

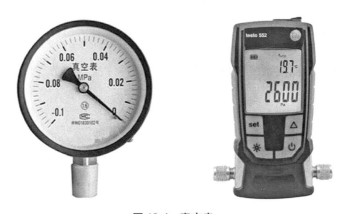

图 10-4 真空表

真空表的读数（即绝对值 ϕ）与相对真空度的数值 $p(\text{Pa})$ 之间的换算关系可由下式得出，即

$$p \approx 100000 \times (1 - \phi/0.1)$$

若真空表读数为 0，则相对真空度为

$$p \approx 100000 \times (1 - 0/0.1) = 100000$$

若真空表的读数为 0.1，则相对真空度为

$$p \approx 100000 \times (1 - 0.1/0.1) = 0$$

若真空表的读数为 0.06，则相对真空度为

$$p \approx 100000 \times (1 - 0.06/0.1) = 40000$$

3. 真空计的校准

由于相对真空计不能直接从它测得的物理量中计算出相应的压力值，因此需要将相对真空计与标准真空计及其校准系统进行比对以校准。真空计校准就是对相对真空计进行"刻度"，其实质就是在一定条件下对一定种类的气体进行相对真空计的刻度，从而得到校准系数或刻度曲线，借以确定相对真空计的读数及其大致的测量量程和精度。

在真空计校准中，绝对真空计、标准相对真空计和绝对校准系统都可以作为真空标准。以绝对真空计为基础，将经过压力衰减后精确计算出的再生低压力作为标准的真空计校准系统称为绝对校准系统。稳定性和精度高的真空计经校准后可作为次级标准以用来对工作真空计进行校准，称为副标准真空计。

在真空测量中，气体种类会对测量读数、真空规管造成影响，温度、真空规管安装位置和方法、真空规管吸放气作用、热表面与气体相互作用等都会对真空测量造成影响。

10.3 真空阀门

真空阀门是在真空系统中用来隔离（切断）气流、调节气体流量、分配气流的真空元件。

1. 真空阀门的种类

真空阀门通常根据阀门的材料、工作特性、传动原理、用途和结构特点等进行分类，具体种类见表 10-1。

表 10-1 真空阀门的种类

分类依据	真空阀门的名称
工作压力	低真空阀门、高真空阀门、超高真空阀门
使用用途	截止阀、隔离阀、充气阀、节流阀、换向阀、封闭送料阀
驱动方式	手动阀、电动阀、手电两用阀、电磁阀、气动阀、液压真空阀
阀体材料	玻璃真空活塞（又称考克阀）、金属真空阀
结构特点	挡板阀、翻板阀、蝶阀、连杆阀、隔板阀、闸阀、双通阀、三通阀、四通阀、直通阀、角阀

2. 真空阀门的型号

真空阀门的型号由基本型号和辅助型号两部分组成，中间用短横线隔开。型号构成如下：

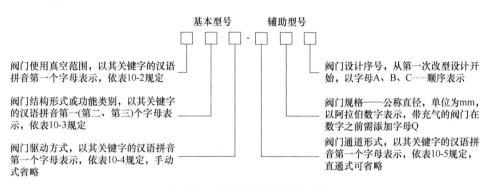

阀门使用真空范围，以其关键字的汉语拼音第一个字母表示，依表10-2规定

阀门结构形式或功能类别，以其关键字的汉语拼音第一(第二、第三)个字母表示，依表10-3规定

阀门驱动方式，以其关键字的汉语拼音第一个字母表示，依表10-4规定，手动式省略

阀门设计序号，从第一次改型设计开始，以字母A、B、C……顺序表示

阀门规格——公称直径，单位为mm，以阿拉伯数字表示，带充气的阀门在数字之前需添加字母Q

阀门通道形式，以其关键字的汉语拼音第一个字母表示，依表10-5规定，直通式可省略

表 10-2 真空阀门使用真空范围

代　号	C	G	D
关键字意义及拼音字母	"超"高真空泵"chao"	"高"真空泵"gao"	"低"真空泵"di"

表 10-3 真空阀门结构形式

代　号	关键字母及拼音字母	代　号	关键字母及拼音字母
D	"挡"板"dang"	Z	"锥"形"zhui"
C	"插"板"cha"	W	"微"调"wei"
F	"翻"板"fan"	Q	充"气""qi"
M	隔"膜""mo"	U	"球"形"qiu"
I	"蝶""die"	Y	"压"差"ya"

表 10-4 真空阀门驱动方式

代　号	D	C	Q	Y
关键字意义及拼音字母	"电"动"dian"	"磁"动"ci"	"气"动"qi"	"液"动"ye"

表 10-5 真空阀门通道形式

代　号	S	J
关键字意义及拼音字母	"三"通式"san"	直"角"式"jiao"

真空阀门型号示例:

GDQ-J320   高真空气动挡板阀,直角式,公称直径为 320mm

DDC-JQ50   低真空磁动挡板阀,直角式、带充气,公称直径为 50mm

GI-50   高真空手动蝶型阀,公称直径为 50mm

DW-2A   低真空微调阀,公称直径为 2mm,第一次改型设计

CD-J25   超高真空手动挡板阀,直角式,公称直径为 25mm

CCQ-100   超高真空气动插板阀,公称直径为 100mm

图 10-5 所示是真空阀门实物图。

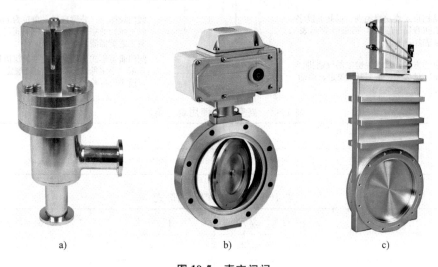

a)   b)   c)

图 10-5   真空阀门

a)真空挡板阀   b)电动高真空蝶阀   c)高真空气动插板阀

3. 真空阀门的基本要求

真空阀门应具有较高的气密性,应满足阀体和阀盖(亦称阀板)封闭处的漏气率要求。阀门密封部件应具有良好的耐磨性,保证其使用寿命足够长。阀门材料应具有低饱和蒸气压、高抗腐蚀能力和高化学稳定性,超高真空阀门材料还应耐烘烤,烘烤温度一般不低于 150℃,最高应达到 450℃。阀门零部件应具有通用性和互换性。阀门结构应简单、轻便、灵活和美观,易于维修,操作方便。

10.4   真空机组

真空机组是将真空泵与相应的真空元件按其性能要求组合起来构成的抽气装置,如图 10-6 所示。真空机组与真空室共同组成真空系统。真空机组一般由

各种真空泵、真空测量装置、真空阀门、真空管道、真空接头、真空继电器、捕集器、储气罐、除尘器和波纹管等部件构成。真空机组的名称以主泵命名。

图 10-6 真空机组

从真空机组的工作压力看，真空机组可以分为粗真空机组、低真空机组、高真空机组、超高真空机组和极高真空机组，其工作压力见表 10-6。

表 10-6 真空机组的工作压力范围

名　　称	工作压力范围/Pa
粗真空机组	>1033
低真空机组	$1033 \sim 0.13$
高真空机组	$0.13 \sim 1.3 \times 10^{-6}$
超高真空机组	$1.3 \times 10^{-6} \sim 1.3 \times 10^{-11}$
极高真空机组	$<1.3 \times 10^{-11}$

10.4.1 低真空机组

低真空机组的主要特点是工作压力高、排气量大，但抽速比高真空机组低，多用于真空室的粗抽气以及放气量大、工作压力高的真空输送、真空浸渍、真空过滤、真空干燥、真空脱气等真空装置。低真空机组的主泵常用往复式真空泵、油封式机械真空泵、干式机械真空泵、水喷射真空泵、水蒸气喷射真空泵、水环真空泵、分子筛吸附真空泵和湿式罗茨真空泵等。低真空机组需要根据被抽气体清洁程度、湿度或其他特殊要求等配置必要的除尘器、水气分离器、油水分离器、干燥阱等部件。

图 10-7 所示为油封机械真空泵低真空机组系统原理图，其中，图 10-7a 没

有挡油阱，图 10-7b 有挡油阱。油封机械真空泵不宜抽除含有大量水蒸气的气体。水蒸气在压缩过程中会凝结成水滴，并与泵油混合形成悬浮液，破坏泵的抽气性能，使泵的真空度下降。挡油阱的作用主要是为了降低机械真空泵的返油率，包括吸附阱、液氮冷阱、离子阱及半导体制冷的冷阱等，也可以利用气体黏滞性流动时的阻挡作用减少机械真空泵油蒸气进入高真空侧，以降低机械真空泵的返油率。

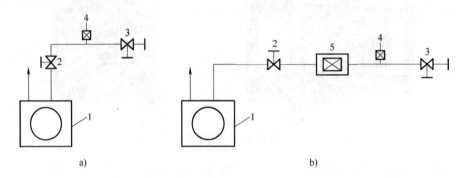

图 10-7　油封机械真空泵低真空机组系统原理图

a）没有挡油阱的油封机械真空泵低真空机组　b）有挡油阱的油封机械真空泵低真空机组

1—机械真空泵　2—放气阀　3—管道阀　4—热电偶　5—挡油阱

图 10-8 所示为双级水环真空泵-大气喷射真空泵低真空机组系统原理图。该低真空机组极限压力为 1300Pa。工作时，先开动水环真空泵，以获得大气喷射

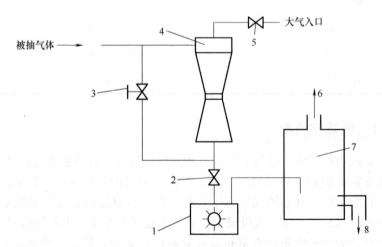

图 10-8　双级水环真空泵-大气喷射真空泵低真空机组系统原理图

1—水环真空泵　2—止回阀　3—管道阀　4—大气喷射真空泵　5—空气进入阀　6—排气阀

7—气水分离器　8—排水口

真空泵所需的预压力，使大气喷射真空泵的进气口与出气口之间有压力差，大气便通过喷射进入真空泵内形成高速运动气流，将被抽气体吸入，后经扩压器被水环真空泵排走。从水环真空泵排出的气和部分水，进入气水分离器后，水流向分离器的下部后经排水口排出，气体被分离出来，并通过分离器的排气管排出。排出的清洁水可循环利用，有回收价值的液体或有害有毒液体则需要回收处理。

10.4.2　中真空机组

中真空机组常用的主泵有罗茨泵、油增压泵等，其适用于需要大抽速和获得中真空的各种真空系统中。

图 10-9 所示为罗茨泵-水环泵中真空机组系统原理图，适合抽除含有大量水蒸气的气体，如真空浓缩、真空干燥，特别适宜于弱酸气体及含有少量细微粉尘气体的抽除。

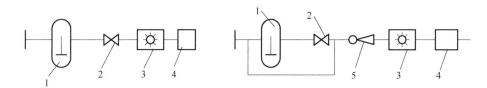

图 10-9　罗茨泵-水环泵中真空机组系统原理图

1—罗茨泵　2—阀门　3—水环泵　4—液气分离器　5—喷射泵

图 10-10 所示为双罗茨泵为主泵的中真空机组系统原理图，为提高真空机组的抽气性能，达到较低的极限压力和改善在低入口压力时的抽速特性，以及对大型真空机组配用较小规格的前级泵，可以组成由两个罗茨泵串联作为主泵的三级抽气机组。

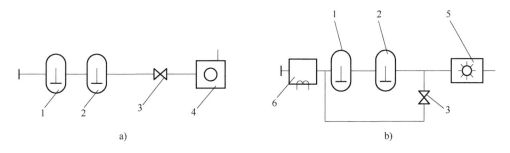

a)　　　　　　　　　　　　　　　　　b)

图 10-10　双罗茨泵为主泵的中真空机组系统原理图

a）双罗茨泵-油封机械泵机组　b）双罗茨泵-水环泵机组

1、2—罗茨泵　3—阀门　4—油封机械泵　5—水环泵　6—冷凝器

10.4.3 高真空机组

高真空机组工作于分子流状态下，与低真空机组相比，其工作压力较低、排气量较小但抽速较大。高真空机组的主泵通常为扩散真空泵、分子真空泵、钛升华真空泵、低温冷凝真空泵等。这些泵不能直接面对大气工作，因此需要配置预抽泵和前级泵，有些扩散真空泵高真空机组还配有前级维持泵或储气罐，以防止气压波动、改善机组性能。

1. 预抽泵

预抽泵（粗抽泵）主要用来抽除真空室中的大量气体，使真空室内的气体压力由大气压力降到主泵能够启动工作所要求的真空度，故预抽泵所能达到的压力应低于主泵的启动工作压力。高真空机组所选用预抽泵的抽速大小由粗抽时间所决定。为了提高高真空机组的利用率，预抽泵可以兼作为前级泵使用。在预抽泵和前级泵这两种不同抽气功能之间依靠真空阀门进行切换。

2. 维持泵

由于扩散真空泵、油增压真空泵的启动时间比较长，在周期性操作的真空设备中，当真空室装料和卸料的时候，为了缩短工作周期，主泵一般情况下都不停止。此时就要将高真空阀门和前级管道阀门关闭，使主泵保持工作状态。由于阀门总会有极少量的漏气和表面放气，经过一段时间后，主泵泵腔内的压强会增大，当泵腔内的压强超过泵工作液的最大允许压强时，会导致泵油蒸气氧化。为此，可用前级泵继续抽出主泵中的气体，但因主泵排出的气体量很小，为节约能源应关停前级泵及前级管道阀门，这时可以在主泵出口处安装维持泵或储气罐。

3. 储气罐

储气罐是专门用来储存气体的设备，同时能起到稳定系统压力的作用。根据承受压力不同，储气罐可分为常压储气罐、低压储气罐和高压储气罐。

小型扩散真空泵高真空机组通常都需配置储气罐，大型扩散真空泵高真空机组则应配置维持泵。

储气罐设置在扩散真空泵和前级泵之间，用来储存扩散真空泵排出的气体，维护扩散真空泵出口压力的稳定。

10.4.4　超高真空机组

1. 超高真空机组的配置要求

1）真空室的材料应出气率很高，漏气率很低，能承受 $200 \sim 450$℃的高温烘烤。

2）主泵的极限真空度要高，至少应达到 $10^{-7} \sim 10^{-8}$Pa 及以上。

3）主泵或主泵进气口以上部件应能承受 $200 \sim 450$℃的高温烘烤。

4）来自主泵的返流气体（含工作液蒸气及解析的气体）的分压力应足够低。

5）对被抽气体选择性强的主泵应配备足够大的辅助泵。

6）机组主泵进气口以上的管道、阀门等部件材料一般选用出气率低的不锈钢并用金属圈密封。

2. 超高真空机组对真空泵的要求

1）主泵极限真空度要比真空装置的工作真空度高一个至一个半数量级。

2）在真空装置工作真空度范围内，真空泵应有足够的抽速以达到排气的要求。

3）主泵或主泵入口到真空室排气口的管道、冷阱、挡板、阀门等部件应能承受 $200 \sim 450$℃的高温烘烤。

4）主泵对被抽气体有选择性抽气时，应配置辅助泵联合抽气。

5）真空泵的材料应选用不锈钢。

10.5　真空系统性能实验装置

10.5.1　容积式真空泵标准测试台

图 10-11 所示为容积式真空泵标准测试台原理图，该测试台是以 GB/T 40344.1—2021《真空技术　真空泵性能测量标准方法　第 1 部分：总体要求》（ISO 21360—1：2020）、GB/T 40344.2—2021《真空技术　真空泵性能测量标准方法　第 2 部分：容积真空泵》（ISO 21360—2：2020）为基准，配合 GB/T 19956.1—2005、GB/T 21271—2007、JB/T 8107—2011 等标准，组建而成的符合国际/国内标准的容积式真空泵标准测试台，如图 10-12 所示。

该测试台可以完成各式容积真空泵（包括螺杆真空泵）的常规标准形式测试实验，包括：进气口流率（抽速曲线）、进气口压力、进气口温度、电动机输

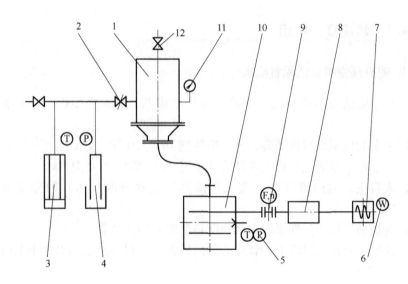

图 10-11　容积式真空泵标准测试台原理图

1—真空测试罩　2—流量调节阀　3—转子流量计　4—滴管流量计　5—温度/压力传感器
6—电功率计　7—变频电源　8—调速电动机　9—转矩/转速测量仪　10—被测真空泵
11—复合真空计　12—真空放气/充气阀

图 10-12　容积式真空泵标准测试台

入功率曲线、电动机转速、排气口压力、排气口温度、噪声（振动）、泵体温
升、极限真空度、冷却水流量、冷却水温差（包含进水温度、出水温度、冷却
水温差）和测试环境参数（大气压、温度、湿度）等测试项目。

10.5.2　真空泵（机组）性能研究实验台

在真空系统的实际应用中，真空获得设备通常是以多台不同种类、型号的真空泵共同组成真空机组的形式出现的，以满足用户提高真空度和抽气速率、调节气体成分与分压力的不同需要。其中以罗茨真空泵为主泵的二级（三级）中真空罗茨真空机组，最适合医药、石化等行业的需求；而匹配不同种类和型号的前级粗真空泵（如罗茨+滑阀真空机组、罗茨+水环真空机组、罗茨+螺杆真空机组），罗茨真空机组的性能有较大的不同。近年来，以罗茨+螺杆无油真空机组取代有油的罗茨+滑阀真空机组或耗能偏大的罗茨+水环真空机组，已成为真空应用领域实现节能减排目标的重要途径；但面对具体应用场合，其替换的可行性需要通过实验验证。为此，以 JB/T 6921—2017《罗茨真空机组》为依据，开展不同罗茨真空机组的性能测试与比较实验，建立了真空泵（机组）性能研究实验台，如图 10-13 所示。

图 10-13　真空泵（机组）性能研究实验台

该实验台可开展的机组性能测试实验如下：

1. 罗茨真空机组的常规标准形式测试实验

基于 JB/T 6921—2017《罗茨真空机组》，开展针对不同种类的罗茨真空机组的标准形式性能测试，主要测试项目为进气口流率（抽速曲线）、进气口压力、进气口温度、电动机输入功率曲线、极限真空度、电动机转速、排气口压力、排气口温度等。

2. 罗茨真空泵匹配与实际抽速测试实验

鉴于罗茨真空机组的实际抽速与其前级真空泵的抽速匹配直接相关，通过不同种类和不同型号前级泵的匹配组合，开展罗茨泵实际抽速曲线的实验测试研究，为建立罗茨真空机组抽气性能计算理论提供实验数据。

3. 罗茨泵启动特性的实验研究

普通罗茨泵不能直排大气工作，需要在合适的压力下开始启动。利用流程模拟真空室，开展旁通管路定压切换启动、大气驱动定时/定压启动和变频同步启动三种罗茨泵启动方式的比较实验，研究罗茨泵的启动时机，以及启动阶段的抽气规律。

10.6　真空系统的抽气时间

10.6.1　粗真空、低真空下的抽气时间

在粗真空、低真空下，真空设备本身内表面的出气量与设备总的气体负荷相比，可以忽略不计，因此在这种情况下的抽气时间可以不考虑出气的影响。

1. 泵的抽速近似常量时的抽气时间

1）当漏气量很小可以忽略不计时，真空设备从压力 p_1 降到 p 所需要的抽气时间 t。

当管道流导 U 很大（$U \gg S_p$）时，则 $S \approx S_p$，在这种情况下抽气时间 t 为

$$t = 2.3 \frac{V}{S} \lg \frac{p_1}{p} = 2.3V \left(\frac{1}{S_p} + \frac{1}{U} \right) \lg \frac{p_1}{p} \qquad (10\text{-}3)$$

式中　V——真空设备容积，单位为 L；

　　　S——泵的有效抽速，单位为 L/s。

2）当漏气量很大不能忽略时，真空室所能达到的极限压力 $p_0 = Q_0/S$，真空设备从压力 p_1 降到 p 所所需要的抽气时间 t。

当管道流导 U 很大（$U \gg S_p$）时，则 $S \approx S_p$，在这种情况下抽气时间 t 为

$$t = 2.3 \frac{V}{S} \lg \frac{p_1 - p_0}{p - p_0} = 2.3V \left(\frac{1}{S_p} + \frac{1}{U} \right) \lg \frac{p_1 - p_0}{p - p_0} \qquad (10\text{-}4)$$

式中　V——真空设备容积，单位为 L；

　　　S——泵的有效抽速，单位为 L/s；

　　　S_p——泵的名义抽速，单位为 L/s；

p——设备经 t 时间的抽气后的压力，单位为 Pa；

p_1——设备开始抽气时的气压，单位为 Pa；

p_0——真空室极限压力，单位为 Pa。

3）抽速 S_p 近似于常数、管道流导 U 是变量时的抽气时间 t（适合于黏滞流时的粗略计算）。

在这种情况下，应先把真空设备工作压力范围划分为几个区域，按每个区域的平均压力计算流导，再按下式计算抽气时间 t，即

$$t = \frac{V}{S_p}\ln\frac{p_1}{p_{n+1}} + V\left(\frac{1}{U_1}\ln\frac{p_1}{p_2} + \frac{1}{U_2}\ln\frac{p_2}{p_3} + \cdots + \frac{1}{U_n}\ln\frac{p_n}{p_{n+1}}\right) \tag{10-5}$$

式中　　　　　　V——真空设备容积，单位为 L；

S_p——泵的名义抽速，单位为 L/s；

p_1——设备开始抽气时的气压，单位为 Pa；

p_{n+1}——设备经 t 时间的抽气后的压力，单位为 Pa；

U_1，U_2，$\cdots$，U_n——p_1 与 p_2、p_2 与 p_3 压力区域间的计算流导，依此类推，单位为 L/s。

p_1，p_2，$\cdots$，p_n——分别为所分的压力区域各点的压力，单位为 Pa。

根据图 10-14 所给出的曲线就可以计算出黏滞流状态下的抽气时间。图中横坐标表示使容积为 1L 的容器由大气压下降到 10Pa 时所需要的抽气时间（单位为 s），纵坐标表示抽速，d 为管道直径（单位为 cm），l 为管道长度（单位为 cm）。

假设机械真空泵抽速为 2L/s，管道直径为 3cm，长度为 250cm，真空设备的容积为 50L，则设备从 10^5 Pa 降到 10Pa 时所需要的抽气时间计算过程为：

① $\dfrac{d^4}{l} = \dfrac{3^4}{250} \approx 3\times10^{-1}$。

② 在图 10-14 纵坐标上找到 $S_p = 2$ L/s 和 $\dfrac{d^4}{l} = 3\times10^{-1}$ 的曲线相交点，得到 1L 容积的抽气时间约为 5s，即 5s/L。

③ 容积为 50L 的抽气时间为 $t = 5\times50\mathrm{s} = 250\mathrm{s}$。

2. 泵的抽速为变量时的抽气时间

在极限压力可以忽略的情况下，可将 $S_p = f(p)$ 的曲线图划分为几个区域，如图 10-15 所示，则可取每个区域抽速的平均值分段计算抽气时间，即

$$t = V\left(\frac{1}{S_{p1}}\ln\frac{p_1}{p_2} + \frac{1}{S_{p2}}\ln\frac{p_2}{p_3} + \cdots + \frac{1}{S_{pn}}\ln\frac{p_n}{p_{n+1}}\right) + \frac{V}{U}\ln\frac{p_1}{p_{n+1}} \tag{10-6}$$

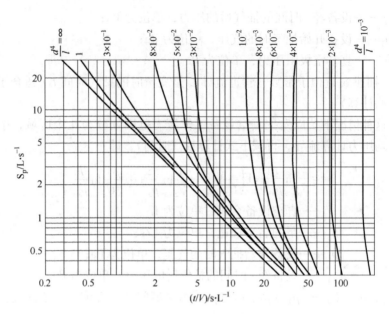

图 10-14　黏滞流状态下的抽气时间曲线

式中　　　　　　　　V——真空设备容积，单位为 L；

$\overline{S_{\mathrm{p}1}}$，$\overline{S_{\mathrm{p}2}}$，$\cdots$，$\overline{S_{\mathrm{p}n}}$——分别为压力在 p_1 与 p_2、p_2 与 p_3 之间泵的抽速的平均值，依此类推，单位为 L/s；

p_1——设备开始抽气时的气压，单位为 Pa；

p_{n+1}——设备经 t 时间的抽气后的压力，单位为 Pa；

p_1，p_2，$\cdots$，p_n——分别为所分的压力区域各点的压力，单位为 Pa。

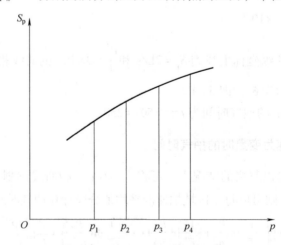

图 10-15　$S_{\mathrm{p}}=f(p)$　抽速曲线划分

3. 机械真空泵的抽气时间

真空室用机械真空泵从大气开始抽气时，在低真空区域内机械真空泵的抽速随真空度升高而下降，其抽气时间 t 为

$$t = 2.3 K_q \frac{V}{S_p} \lg \frac{p_1 - p_0}{p - p_0} \tag{10-7}$$

若 p_0 忽略不计，则抽气时间 t 为

$$t = 2.3 K_q \frac{V}{S_p} \lg \frac{p_1}{p}$$

式中 　V——被抽真空设备容积，单位为 L；

　　　S_p——泵的名义抽速，单位为 L/s；

　　　p_1——设备开始抽气时的气压，单位为 Pa；

　　　p_0——真空设备的极限压力，单位为 Pa；

　　　p——设备经 t 时间的抽气后的压力，单位为 Pa；

　　　K_q——修正系数，与设备抽气终止时的压强 p 有关，见表 10-7。

表 **10-7** 修正系数 K_q

p/Pa	$10^5 \sim 10^4$	$10^4 \sim 10^3$	$10^3 \sim 10^2$	$10^2 \sim 10^1$	$10 \sim 1$
K_q	1	1.25	1.5	2	4

4. 用粗真空抽气时间曲线及抽气时间列线图计算真空室的抽气时间

（1）粗真空抽气时间曲线　如图 10-16 所示，此曲线为单位容积的真空设备用单位抽速的泵抽气时所达到的压力与所需要的抽气时间之间的关系，容积与抽速的单位应统一。曲线图中虚线为不考虑极限压力 p_0 的曲线，实线为考虑极限压力 p_0 的曲线。该曲线图最适用于没有气镇装置的双级机械真空泵。利用该曲线可计算任意容积的真空系统的抽气时间。

假设真空设备容积为 $2m^3$，泵的抽速 S_p 为 $80m^3/h$，则从大气压下降到 10^3Pa 所需的抽气时间 t 可通过粗真空抽气时间曲线计算得出。

1）从图 10-16 可知容积为 $1m^3$、泵的抽速为 $1m^3/min$ 时，从大气压下降到 10^3Pa 所需的抽气时间 t_1 为 4.6min。

2）则容积为 $2m^3$，泵的抽速 S_p 为 $80m^3/h$，从大气压下降到 10^3Pa 所需的抽气时间 t 为

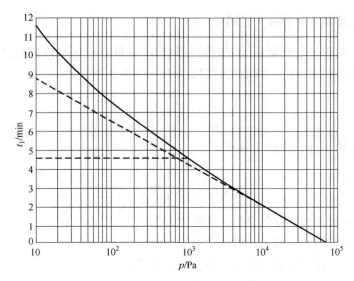

图 10-16 粗真空抽气时间曲线

$$t = t_1 \frac{V}{S_p} = 4.6 \times \frac{2}{80/60} \text{min} = 6.9 \text{min}$$

（2）抽气时间列线图 如图 10-17 所示，其中，V 线是真空设备的容积（单位为 L），S_p 线是泵的抽速（单位为 L/s），t 线表示抽气时间（单位为 s），p 线右侧数值表示真空设备从大气压下抽到所需要的压力（单位为 Pa）。抽气时间列线图已经考虑了低压力下泵的抽速会减小的问题。使用抽气时间列线图计算抽气时间时，先从 V 线找到容积所对应的点，从 S_p 线上找到泵的抽速所对应的点，二点连成一线延伸后与 V/S_p 线相交于一点，该点与 p 线上所希望达到的压力点连线，这一直线与 t 线的交点所对应的数值就是抽气时间。若抽气不是从大气压开始，而是从 p_1 开始抽到 p_2，则应找到 $p_1/p_2 = x$ 线上所对应的点，该点与 V/S_p 线上所对应的点连线，该线与 t 线的相交点所对应的数值就是抽气时间。

假设真空设备容积是 5m^3，泵的抽速为 $120\text{m}^3/\text{h}$，则从大气压抽到 13.3Pa 所需要的抽气时间就是 30min，如图 10-17 上折线 $ABCDE$ 所示。

假设真空设备容积是 5m^3，泵的抽速为 $180\text{m}^3/\text{h}$，则从 13.3Pa 抽到 0.133Pa 所需要的抽气时间就是 2min，如图 10-17 上折线 $AB'C'D'E'$ 所示。

10.6.2 高真空下的抽气时间

在高真空区域，真空设备内材料的出气可以忽略时，真空室的抽气时间计算与低真空抽气时间计算相同。实际上，高真空下的抽气时间主要取决于材料出气率。在刚开始抽气的几个小时内，材料出气率是变量，因而真空室的总出

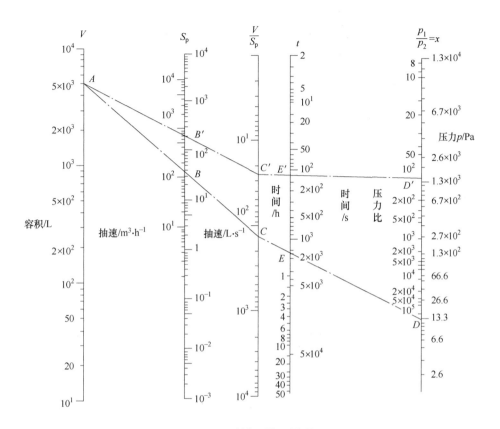

图 10-17　抽气时间列线图

气量随抽气时间而衰减。计算到达某一压力所需的时间由总出气量和泵（或机组）的有效抽速的比值决定。一般可查材料出气率曲线和绘图方法进行计算。抽到压力 p 所需要的抽气时间计算步骤如下：

1）计算真空室平衡压力为 p 时的出气量 $Q(\mathrm{Pa \cdot L/s})$，其值等于泵（或机组）在压力为 p 时的排气量，即

$$Q = pS$$

2）计算真空室中材料表面积为 A 的平均出气速率 $\bar{q}[\mathrm{Pa \cdot L/(s \cdot cm^2)}]$，即

$$\bar{q} = \frac{Q}{A}$$

3）根据材料出气率曲线查出 $\bar{q}$ 所对应的时间 t，这一时间就是达到平衡压力所需要的时间。

例如：碳钢制作的真空室内放置实验用钢板和铜板，钢板和铜板的面积均为 $4\times10^4\mathrm{cm^2}$，用有效抽速为 $10^3\mathrm{L/s}$ 的高真空机组抽气时，室温下要获得 $5\times10^{-4}\mathrm{Pa}$ 压

143

力所需要的时间（忽略漏气不计）计算过程如下：

1）真空室在平衡压力 5×10^{-4} Pa 时的允许出气量为

$$Q = pS = 5 \times 10^{-4} \times 10^3 \mathrm{Pa \cdot L/s} = 0.5 \mathrm{Pa \cdot L/s}$$

2）钢板和铜板两者的平均出气率为

$$\bar{q} = \frac{Q}{A} = \frac{0.5}{4 \times 10^4 \times 2} \mathrm{Pa \cdot L/(s \cdot cm^2)} = 6.25 \times 10^{-6} \mathrm{Pa \cdot L/(s \cdot cm^2)}$$

3）作碳钢、铜板及两者叠加后的平均出气率曲线，如图 10-18 所示。

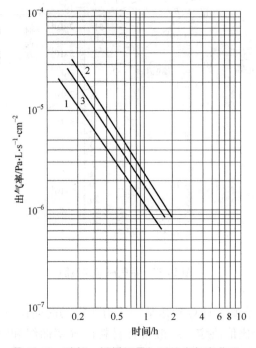

图 10-18　碳钢、铜板及叠加后的出气率曲线

1—碳钢的出气率　2—铜板的出气率　3—碳钢和铜板叠加后的平均出气率

4）查曲线图 10-18 可知出气率为 6.25×10^{-6} 时出气时间约为 0.41h。这就是室温下要获得 5×10^{-4} Pa 压力所需要的抽气时间。

10.6.3　真空室压力下降时的抽气时间

真空室压力下降至初始压力的 1/2、1/10 和 1/e（ $e \approx 2.718$ ）时的抽气时间分别为：

真空室压力下降至初始压力的 1/2 时的抽气时间为

$$t_{1/2} = 0.693 \frac{V}{S}$$

真空室压力下降至初始压力的 1/10 时的抽气时间为

$$t_{1/10} = 2.303 \frac{V}{S}$$

真空室压力下降至初始压力的 1/e 时的抽气时间为时间常数，即

$$t_{1/e} = \frac{V}{S}$$

式中　V——真空室的容积，单位为 L；

　　　　S——泵（或机组）对真空室抽气口的有效抽速，单位为 L/s。

10.7　选泵与配泵

1. 主泵选取的主要依据

（1）空载时真空室所需要达到的极限真空度　根据真空室所需要达到的极限真空度确定主泵的类型。主泵的极限真空度要比真空室的极限真空度高，通常应高半个数量级到一个数量级。

（2）根据真空室进行工艺生产（或实验）**时所需要的工作压力选主泵**　各类真空泵都有其工作压力范围及最佳工作压力。真空室的工作压力一定要保证在主泵的最佳抽速压力范围内，所需要的主泵抽速由工艺生产中放出的气体量、系统漏气量及所需要的工作压力来确定。

1）计算主泵的有效抽速。根据真空室的工作压力 p_g、真空室的总气体量 Q，计算主泵的有效抽速 S，即

$$S = \frac{Q}{p_g} \tag{10-8}$$

$$Q = Q_1 + Q_2 + Q_3 \tag{10-9}$$

式中　Q_1——真空室工作过程中产生的气体量；

　　　　Q_2——真空室及真空元件的放气量；

　　　　Q_3——真空室的总漏气量。

2）确定主泵的抽速。根据有效抽速 S 以及泵与真空室之间的连接管道的流导 U 确定主泵的抽速 S_p，即

$$\frac{1}{S} = \frac{1}{U} + \frac{1}{S_p}$$

或

$$S_p = \frac{SU}{U - S} \tag{10-10}$$

由于增大有效抽速就必须增大流导，因此连接管道就必须短而粗，所以管道直径不能小于主泵入口直径，通常情况下二者直径是相同的，特殊情况下管道直径可以大于主泵入口即抽气口直径。

在计算主泵有效抽速时，通常按具体情况选择将由公式 $S = \dfrac{Q}{p_g}$ 计算出的主泵的有效抽速 S 增大 $20\% \sim 30\%$ 以上。

3）根据被抽气体种类、成分、温度以及气体含灰尘杂质情况选取主泵。

4）根据真空室对油污要求的不同选取主泵（有油、无油或半无油真空泵）。

5）根据投资及日常维护运转的经济指标选取主泵。

2. 前级泵选配应遵循的原则

1）前级泵应满足主泵工作所需的预真空条件。

2）前级泵应能抽走主泵产生的最大气体量。

3）前级泵应满足达到主泵进气口能工作的最大工作压力时所需的预抽气时间要求。

3. 粗抽泵抽速的确定

各种低温真空泵、低温吸附真空泵（不含分子筛真空泵）、溅射离子真空泵、钛泵等均需要在某种预真空下才能启动。系统所需粗抽泵的抽速不仅与真空室容积有关，同时与所设定的预抽时间亦相关。粗抽泵的抽速 S_p 为

$$S_p = 2.3 K_q \frac{V}{t} \lg \frac{p_2}{p_1}$$

式中　K_q——修正系数；

　　　V——被抽真空设备容积，单位为 L；

　　　t——设定的预抽时间，单位为 s；

　　　p_2——设备开始抽气时的气压，单位为 Pa；

　　　p_1——经 t 时间抽气后的压力，单位为 Pa。

对于大型真空系统，用主泵配置的前级泵作为粗抽泵不经济时，就需要单独配置粗抽泵。

10-1　设计一个真空室由一根管道连接到一个真空泵，如图 10-19 所示。设泵的抽速为 1000L/s，管道直径 20mm，长 200mm，管道流导为 4.1L/s，测得泵口处压力为 10^{-5}Pa，求真空室中的压力 p 和有效抽速 S。

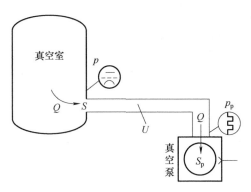

图 10-19　习题 10-1 图

10-2　一真空泵的抽速为 100L/s，连接被抽容器的管道的流导为 1L/s，问对容器的有效抽速是多少？若要求有效抽速 50L/s，应采用流导为多少的管道？

10-3　试设计一套真空系统，要求能达到 10^{-3} Pa 的极限真空度（包括真空泵、真空计、真空管道及阀门等元件）。

第 **11** 章 真空设备

【学习导引】

本章使读者了解若干真空应用场景中的设备，主要有真空干燥设备、真空镀膜设备、真空包装设备、真空输送设备、真空过滤设备、真空绝热设备、真空热处理设备等。学习本章过程中应注意：①结合本书内容，拓展阅读相关真空应用领域的工程资料，了解工程应用中所需真空环境要求；②根据真空环境要求学习真空泵选型和参数选配；③根据绿色制造理念思考优化方案。

11.1 真空干燥设备

真空干燥设备种类繁多，结构复杂，用途广泛。它具有低压、低温、清洁、环保等诸多优点，也具有成本和运转费用高的缺点。很多物料必须采用真空干燥的方式才能保证其性能要求，这是常温常压干燥所不能实现的。

1. 真空干燥设备的种类

1）真空干燥设备可以分为普通真空干燥设备和特种真空干燥设备。

普通真空干燥设备包括厢式真空干燥设备、滚筒式真空干燥设备、带式真空干燥设备、振动流动真空干燥设备、圆筒搅拌型真空干燥设备、双锥回转真空干燥设备、耙式真空干燥设备、圆盘刮板真空干燥设备和塔式真空干燥设备等。普通真空干燥设备如图 11-1 所示。

特种真空干燥设备主要包括冷冻真空干燥设备、高频真空干燥设备、低频真空干燥设备、射流真空干燥设备、临界低温真空干燥设备、过热蒸汽真空干燥设备、复合管束真空干燥设备和气相真空干燥设备等。图 11-2 所示为高频木材真空干燥机。

2）从用途看，真空干燥设备可以分为食品真空干燥设备、药品真空干燥设备、生物制品真空干燥设备、农副产品真空干燥设备、粮食真空干燥设备、木

a)

b)

图 11-1 普通真空干燥设备

a）双锥回转真空干燥机 b）玉米真空干燥塔

图 11-2 高频木材真空干燥机

材真空干燥设备、化工产品真空干燥设备等。近些年，冷冻真空干燥设备发展较快，种类较多，使用较为广泛。

3）从加热方式看，真空干燥设备可以分为传导加热真空干燥设备、辐射加热真空干燥设备、微波加热真空干燥设备、高频加热真空干燥设备、低频加热真空干燥设备、电加热真空干燥设备、油加热真空干燥设备、蒸气加热真空干燥设备、水加热真空干燥设备等。图 11-3 所示为小型微波真空干燥机。

2. 真空干燥设备的选择

（1）根据物料的性质选择真空干燥设备 温度、湿度、气体压力等干燥条件以及物料最终含水量、所含水分的性质等干燥条件都影响真空干燥设备的选择。物料的流动性、黏性、大小、形状等物理状态也同样影响着真空干燥设备

图 11-3　小型微波真空干燥机

的选择。此外，物料的密度、易燃易爆性、比热容、允许温度以软化、熔化的热影响等物理特性和化学性质也影响着真空干燥设备的选择。总之，应充分考虑物料的性质，尤其是干燥后所要达到的主要目的（比如色香味俱全且营养成分不流失），合理地选择冷冻真空干燥设备。

（2）根据产品质量选择真空干燥设备　所选择的真空干燥设备必须能够满足产品的质量要求。但是，可能几种不同的真空干燥设备都能达到产品的质量要求，这就要考虑购置费用、运转费用、安装条件、占地面积、设备是否能够连续运转以及对操作人员的技术要求等各种因素。例如，烘干金银花，既可以选择热风循环烘箱批次生产，又可以选择带式干燥机连续生产，但是由于设备投入成本不同，对金银花批量的需求不同，就应做出不同的选择。如果批量要求不大、所能投入的成本不充足，就应选择热风循环烘箱；反之，就应考虑带式干燥机。此外，由于真空干燥产品的质量与真空干燥设备的容积或面积成正比，所以可以要求根据真空干燥设备所给出的容积或面积指标予以选择。在确定真空干燥设备容积的同时，还要考虑填充率或装料系数，一般填充率应控制在 60%～75% 之间。

3. 真空干燥设备介绍

（1）双锥回转真空干燥设备　双锥回转真空干燥设备主要由双锥回转真空干燥机、冷凝器、除尘器、真空抽气系统、加热系统、冷却系统、净化系统和电控系统等组成，如图 11-4、图 11-5 所示。所谓的"双锥"就是干燥室呈双锥形，"回转"就是转轴的转动。

（2）微波真空干燥设备　微波真空干燥（MVD）结合了微波能技术与真空技术，兼备微波加热与真空干燥的优点，具有干燥量大、加热速度快、加热均

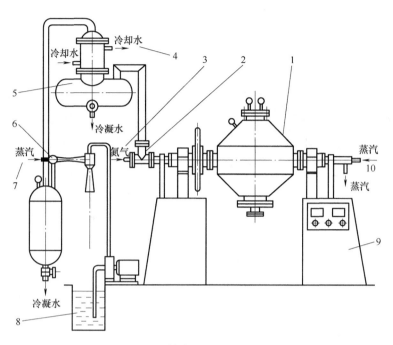

图 11-4　双锥回转真空干燥设备结构示意图

1—真空双锥回转干燥机　2—管道　3—净化气系统　4—冷却水系统　5—冷凝器
6—真空抽气系统　7—蒸汽源　8—水池　9—电控系统　10—加热系统

图 11-5　双锥回转真空干燥机

匀、质量好、节能高效、清洁卫生、成本低等优点，可做成连续式真空干燥设备。典型的小型微波真空干燥设备如图 11-6 所示，主要由真空室（干燥仓）、旋转机构、微波功率供给装置、真空泵和控制板等组成。

（3）带式真空干燥设备　带式真空干燥设备是在成批生产过程中使用的连续进料、出料的接触式真空干燥设备，如图 11-7 所示。带式真空干燥设备主要由干燥仓壳体、真空系统、上料机构、走带机构、加热器、冷却器、刮料刀和

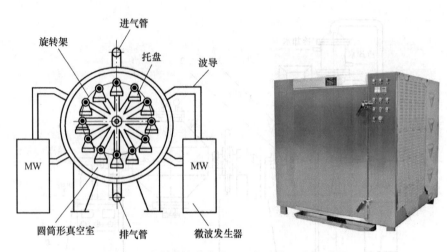

图 11-6　小型微波真空干燥设备结构示意与实物图

出料机构等组成。带式真空干燥机分别在机身的两端连续进料、连续出料，配料和出料部分都可以设置在洁净间中，整个干燥过程完全封闭，不与外界环境接触，符合 GMP（食品药品质量管理规范）的要求。带式真空干燥机的适应范围广，对于绝大多数的天然产物的提取物，都可以适用，尤其适用于黏性高、易结团、热塑性、热敏性的物料。

图 11-7　带式真空干燥设备

（4）**耙式真空干燥设备** 耙式真空干燥设备主要由筒体、耙齿、转轴、封头、动密封、轴承、支架、支座及敲击棒等所组成，如图11-8和图11-9所示。耙式真空干燥设备因耙齿而得名。耙齿是由角度相反、分别套装在转轴两侧的左向和右向的两组耙齿组成。套装在转轴上的耙齿分为左、右两半部，并且耙齿末端各为左向和右向相等的转角。所以当转轴正反转时，就能使物料由中间至两端做往返运动。耙式真空干燥设备适用性强、产品粒度细、质量好、能耗小，应用范围广泛。

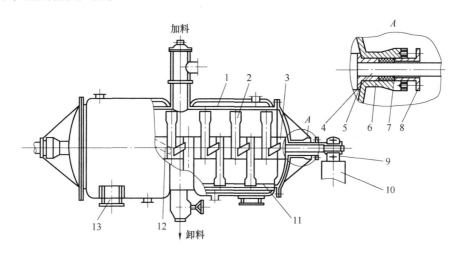

图11-8 耙式真空干燥设备结构示意图

1—筒体 2、3—耙齿（左向） 4—转轴 5—压紧圈 6—封头 7—填料 8—压盖
9—轴承 10—支架 11—无缝钢管 12—耙齿（右向） 13—支座

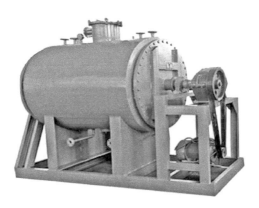

图11-9 耙式真空干燥设备

11.2 真空镀膜设备

真空镀膜就是在真空条件下在待镀材料表面上镀上一层薄膜。待镀材料被称为基片或基板、基体。真空镀膜法亦被称为干式镀膜法。真空镀膜可获得致密性好、纯度高、镀膜厚度均匀的涂层,薄膜厚度可以控制,可以制备各种不同的功能性薄膜,膜与基体附着强度好,膜层牢固,不产生废液,清洁无污染。

1. 真空镀膜的方法

真空镀膜的方法主要有真空蒸发镀、真空溅射镀、真空离子镀、束子流沉积镀、分子束外延和化学气相沉积镀等。真空蒸发镀、真空溅射镀、真空离子镀等镀膜方法为物理气相沉积法(PVD)。真空镀膜的目的是为了改变材料表面的物理化学性质,从这一角度讲,真空镀膜技术属于真空表面处理技术的重要组成部分。真空表面处理技术的分类见表11-1。

表 11-1　真空表面处理技术的分类

表面处理目的	处理方法	粒子动能量	工作方式	
			等离子体	高真空
薄膜沉积(表面厚度增加)	PVD	真空蒸发镀膜	0.1~1eV	等离子熔射辉光放电分解	电阻加热蒸发 电子束蒸发 真空电弧蒸发 真空感应蒸发 分子束外延
		真空溅射镀膜	10~100eV	反应溅射 磁控溅射 对向靶溅射	离子束溅射镀膜
		真空离子镀膜	10~5000eV	直流二极型 多阴极型 高频型 ARE 型 增强 ARE LPPD 型 HCD 型	单一离子束镀膜 集团离子束镀膜
	CVD		化学反应扩散	等离子增强化学气相沉积(PCVD)	低压等离子化学气相沉积(LPCVD)

（续）

表面处理目的	处理方法	粒子动能量	工作方式	
			等离子体	高真空
微细加工（表面厚度减少）	离子刻蚀	100~10000eV	高频溅射刻蚀等离子刻蚀反应离子刻蚀	离子束刻蚀反应离子束刻蚀电子束刻蚀X 射线曝光
表面改性（厚度不变）	离子流入	1000~10000keV	活性离子冲击离子氮化	离子注入

2. 真空镀膜设备介绍

（1）真空蒸发镀膜机　真空蒸发镀膜机如图 11-10 所示，其主要由三部分组成：真空系统、蒸发装置和膜厚监控装置。真空系统用来获得必要的真空度，为镀膜提供必要条件。蒸发装置用来加热镀膜材料使之蒸发，为镀膜提供膜材。膜厚监控装置用来监控镀膜厚度，以便于操控。真空蒸发镀膜具有工艺简单、操作容易、成本较低等优点。

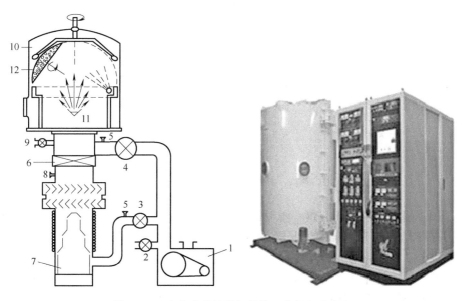

图 11-10　真空蒸发镀膜机结构示意图与实物图

1—机械泵　2—机械泵放气阀　3—低真空阀　4—预抽阀　5—热偶真空计　6—高真空阀
7—扩散泵　8—电离真空计　9—真空放气阀　10—真空室　11—蒸发源　12—基片夹具

（2）真空离子镀膜机　离子镀是在真空室中利用气体放电或被蒸发物质部

分电离，在气体离子或被蒸发物质离子轰击作用的同时，将蒸发物或其反应物沉积在基片上。离子镀把气体辉光放电现象、等离子体技术和真空蒸发三者有机结合起来，不仅明显改进了膜层质量，而且还扩大了薄膜应用范围。其优点是膜层附着力强、绕射性好、膜材广泛等。离子镀种类很多，包括空心阴极离子镀、射频放电离子镀、电弧离子镀等。图 11-11 所示为射频放电离子镀装置示意图，其蒸发源采用电阻加热或电子束加热，蒸发源与基体间设置高频感应线圈，镀膜室内分成三个区域：以蒸发源为中心的蒸发区，以感应线圈为中心的离化区，以基体为中心的离子加速区和离子到达区。

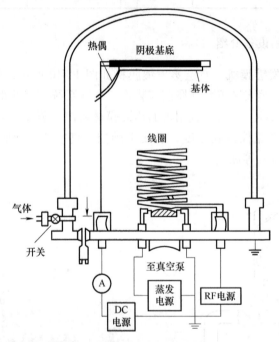

图 11-11　射频放电离子镀装置示意图

（3）真空溅射镀膜装置　溅射镀膜在真空室中进行，是一种利用荷能粒子轰击靶表面，使被轰击出的粒子在基片上沉积的真空镀膜方法。用带有几十电子伏以上动能的粒子或粒子束照射固体表面，靠近固体表面的原子获得入射粒子所带能量的一部分进而向真空中逸出的现象被称为溅射。溅射镀膜有多种方式，从电极结构看，溅射可分为直流二极（三极或四极）溅射、磁控溅射（高速低温溅射）、对向靶溅射和 ECR 溅射等方式。在上述基本溅射镀膜方式基础上，还存在反应溅射、偏置溅射、射频溅射、离子束溅射和自溅射等改进方式。

图 11-12 所示为直流二极溅射镀膜装置，是依据直流辉光放电原理制造的镀

膜装置。由直流电源供电的阳极和阴极组成，用膜材制成的靶为阴极（亦称为阴极靶），其上通以负高压，靶材为导电体，阳极为放置待镀材料的基片架。工作时，先在真空室中通入氩气，当压力升到 1~10Pa 时，在阴极和阳极间施加高电压在两极间产生异常辉光放电，等离子体区中的正离子因被阴极电位降加速而轰击阴离子靶，从而使靶材产生溅射。溅射的电子被加速后与气体原子发生碰撞产生正离子，以维护放电。由阴极靶溅射出来的靶材原子，无论是否发生碰撞，总有一部分沉积到基片上形成镀膜，未成膜部分因碰撞而返回到阴极靶上或散射。可见，直流二极溅射放电所形成的电回路是靠气体放电产生的正离子飞向阴极靶，一次电子飞向阳极而形成的，而放电是靠正离子轰击阴极时所产生的二次电子经阴极暗区加速后去补充一次电子的消耗来维持的。因此，溅射条件是手段，电离效应是条件，沉积效应是最终目的。

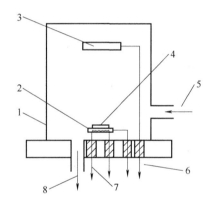

图 11-12　直流二极溅射装置示意图

1—真空室　2—加热片　3—阴极（靶）　4—阳极（基片）　5—氩气入口　6—负高压电源
7—加热电源　8—真空系统

11.3　真空包装设备

　　真空包装设备是指将产品装入包装容器后抽去容器内部的空气，达到预定真空度并完成封口的机器设备。图 11-13 所示为真空包装机。真空环境的特点是氧分压低、水汽含量低和被包装产品内部可挥发性气体容易向容器内扩散。这使得被包装产品能够延长保鲜期，提高了产品的货架寿命，便于产品的储藏和长途运输，故广泛用于食品、药品、化工原料、精密仪器、纺织品和医疗器械等产品包装。

图 11-13　真空包装机

1. 机械挤压式真空包装机

机械挤压式真空包装机用于真空度低、对真空度要求不高的包装，这种包装方式最简单，只要通过机械挤压排除包装袋内的空气并封口即可，如图 11-14所示，包装袋两侧的海绵垫用于排除包装袋内的空气，然后用热封器进行封口密封。

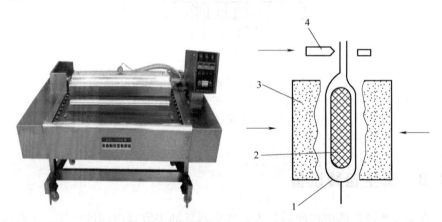

图 11-14　机械挤压式真空包装机与包装原理示意
1—包装袋　2—被包装物　3—海绵垫　4—热封器

2. 腔室式真空包装机

腔室式真空包装机的抽真空和封口包装过程均在腔室内进行，真空度较高。腔室分为单室、双室和多室。腔室式真空包装机及包装原理如图 11-15 所示，将充填好的包装袋定向放入腔室内，使袋口置于加热装置上并压紧，关上真空室盖，然后自动完成抽真空和封口。若进行充气，则在封口前打开充气阀充入所需气体。其中，双室真空包装机的两个真空室共用一套抽真空系统，可交替工作，即一个真空室抽真空、封口，另一个同时放置包装袋使辅助时间与抽真空时间重合，从而提高生产率。

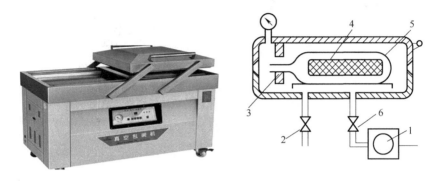

图 11-15　腔室式真空包装机及包装原理示意图
1—真空泵　2—充气阀　3—热封装置　4—包装物品　5—包装袋　6—抽气阀

3. 蓬松柔软物品缩体包装机

蓬松柔软物品指的是被服、枕头、羽绒服、床上用品、纺织品、各类服装等物品。蓬松柔软物品缩体包装可使其外形整齐美观，体积缩小，降低包装、储藏及运输费用，同时还具有防潮、防霉、防蛀的作用。蓬松柔软物品缩体包装机如图 11-16 所示，该装置没有真空室，使用插管插入包装袋，工作时将被包装物品充填入包装袋后，先用压缩空气驱动的主气缸压缩包装袋，以排除袋内的大部分空气，再由真空系统抽去剩余气体，使包装袋紧贴被压缩的包装物，然后由热封装置加热加压封合包装袋口。

4. 回转真空室式包装机

回转真空室式包装机是自动化程度非常高的多工位真空包装机，它的转盘上有多个旋转的真空室，可分别完成从充填到抽真空的多个操作工序，故生产能自动、连续、高效进行，生产率高，主要适用于食品行业，特别适用于熟鱼肉、蔬菜、水果等软包装。回转真空室式包装机由充填和抽真空两个转台组成，充填回转台有 6 个工位，主要完成取袋和充填工作，抽真空转台有 12 个工位（即 12 个真空室），完成抽真空和封口，包装原理如图 11-17 所示。

除上述真空包装方式外，还有充气真空包装、热成型真空包装等。充气真空包装是先抽真空后充入所需气体再封装。热成型真空包装是充气真空包装与

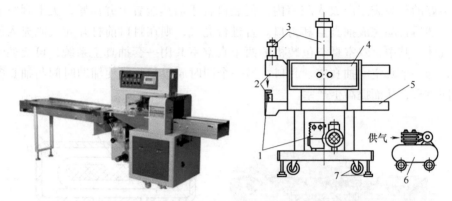

图 11-16 蓬松柔软物品缩体包装机与其结构示意图
1—真空抽气系统 2—热封装置 3—气缸 4—变压器 5—机架 6—空压机 7—脚轮与机脚

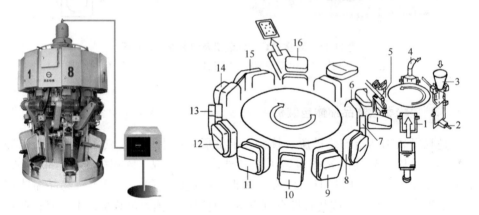

图 11-17 回转真空室式包装机与其包装原理示意图
1—取袋 2—打印 3—开袋充填装置 4—罐装液体 5—预封口 6—接袋 7—闭盖
8—预抽真空 9—第一次抽真空 10—保持真空 11—第二次抽真空 12—封口
13、14—封口冷却 15—向真空室导入大气 16—成品

热成型充填封口的结合，它利用塑料片材在加热加压条件下可以成型的原理自制包装容器，然后再进行充气真空包装。

11.4 真空输送设备

真空输送的工作原理就是利用真空与大气之间的压力差所产生的力来输送或吸附物料。因此，真空输送包括两种方式：真空吸引和真空吸附。吸附力 F 与作用面积和压力差有关，可由下式求得

$$F = (p_0 - p_i)A$$

式中　F——吸附力，单位为 N；

　　　p_0——大气压力值，单位为 Pa；

　　　p_i——真空测压值，单位为 Pa；

　　　A——受力面积，单位为 m^2。

1. 粉粒状物料真空吸送设备

真空吸送就是利用真空泵或风机为动力源，使系统内部形成真空，从而使物料在悬浮状态下在管道中移动，再通过分离器使工作气体和物料分开的输送方式。

（1）氧化锌粉真空输送设备　如图 11-18 所示，氧化锌粉真空输送设备主要由供料斗、吸嘴、受料罐、储料仓、除尘器和真空泵组成。物料在输送过程，除尘器可将气流中氧化锌粉分离去除，使其不会进入真空泵中。这既可起到保护真空泵不受粉尘损坏的作用，又可达到回收氧化锌粉的目的。其中，小旋涡除尘器用于分离气流内混入的氧化锌粉尘，布袋降尘器将氧化锌粉尘除掉。

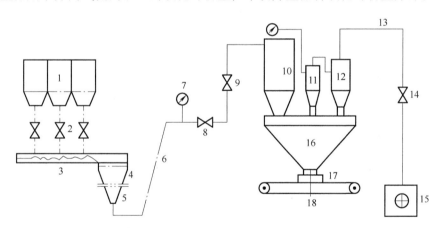

图 11-18　氧化锌粉真空输送设备示意图

1—供料斗　2—圆盘阀　3—绞龙　4—漏斗　5—吸嘴　6—输料管　7—真空表　8—截止阀
9—球阀　10—受料罐　11—小旋涡除尘器　12—布袋除尘器　13—真空管道　14—闸阀
15—水环真空泵　16—大储料仓　17—圆盘给料器　18—传送带输送机

（2）粮食真空输送设备　如图 11-19 所示，移动式真空输粮机可使粮食和空气按适当比例混合（不同情况混合比例不同），分离器将粮食从气流中分出，经吹送输粮管进入储仓。分离器实现了空气和粮食的分离，其工作原理如图 11-20所示，风机使分离器室处于真空状态，真空负压形成的吸引气流，使粮食和空气的混合流经吸管进入分离器室，因分离器室的断面远端管道大、近端管道小，故气流骤降而无力携带粮食继续行进，粮食在惯性作用下继续前进而落入料斗7，瘪谷之类的轻物料因惯性较小而落入料斗10。落入料斗7的成粮经叶轮式闭气卸料器送入喉管，与经分离器分离并经风机吹至此处的空气混合，形成新的粮气混合物流，经吹送输料管送至卸料点。落入料斗10内的物料成为废料，作业结束后清除。

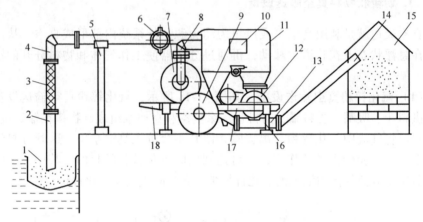

图 11-19　移动式真空输粮机工作示意图

1—船舱　2—吸嘴　3—金属刚体　4—吸料管　5—支柱　6—管道阀　7—离心风机
8—阀　9—胶轮　10—视窗　11—分离器　12—卸料器　13—送风管
14—送粮管　15—储仓　16—撑脚　17—梁架　18—挂钩

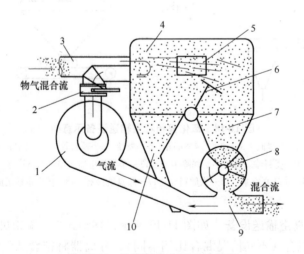

图 11-20　分离器工作原理示意图

1—风机　2—调整阀　3—吸运管　4—分离器室　5—观察窗　6—调节板　7、10—料斗
8—卸料器　9—喉管

162

2. 液态物料真空输送设备

1）图 11-21 所示为小水库防汛无动力真空虹吸溢洪装置，利用真空虹吸溢洪装置可以自动抽吸堤坝以下 8m 的洪水。在洪水尚未涨到警戒线之前，可预先溢洪而无需动力。

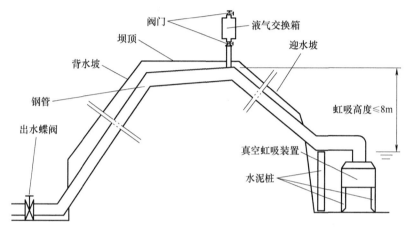

图 11-21　小水库防汛无动力真空虹吸溢洪装置示意图

2）图 11-22 所示为真空管道高速输水装置，它将"真空高速流"装置加装到相同管径的"重力流"城市输配水工程上，使两种输水方式并存且可任意切换运行其中一种输水方式。

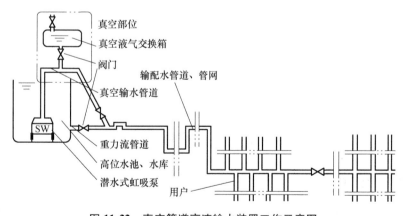

图 11-22　真空管道高速输水装置工作示意图

3）图 11-23 所示为负水头或低水头长距离真空高速引水工程示意图，它可以先提水到高位水池，然后以"真空管道调整输水方式"引水，将"压力流"输水距离尽可能缩短。

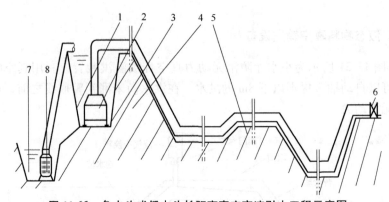

图 11-23 负水头或低水头长距离真空高速引水工程示意图

1—高位水位 2—真空输水装置 3—支架 4—水坝、溢洪道、池墙 5—山丘、障碍物
6—出水阀门 7—河流、水库 8—潜水泵

3. 固态物料真空吸吊设备

真空吸吊设备是基于真空吸附原理而工作的，如图 11-24 所示，用真空泵抽除吸盘与工件空腔内的空气，从而产生一个压力差，该压力差使得工件紧紧吸附在吸盘上。压力差越大，吸附力越大。真空泵抽气速率越大，吸盘内真空达到动态平衡的时间越短，吊运的可靠性就越大，起吊的速度也越快。

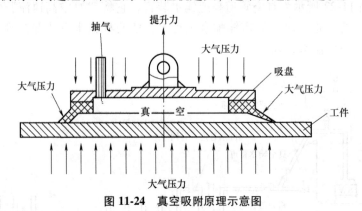

图 11-24 真空吸附原理示意图

4. 射流式吸鱼泵

射流式吸鱼泵是利用高速工作流体的能量来完成鱼类输送的机械设备，其工作原理如图 11-25 所示，高压水流由喷嘴高速射出时，连续带走吸入室内的空气，使吸入室形成一定程度的真空，被抽升的鱼类在大气压力作用下，以流量 Q_s 从吸鱼管进入吸入室内，与流量 Q_0 在喉管（即混合管）中进行能量传递和交换，再经扩散管使部分动能转换为压能后，鱼类经排鱼管被排出。

164

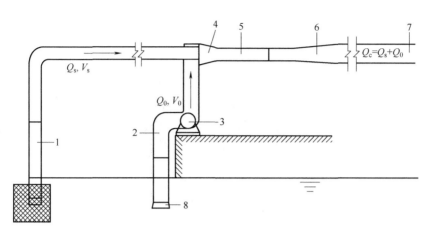

图 11-25　射流式吸鱼泵

1—吸鱼管　2—工作管　3—水泵　4—吸入室　5—喉管　6—扩散管　7—排鱼管　8—喇叭口

11.5　真空过滤设备

真空过滤设备是利用过滤介质一侧产生一定程度的（真空）负压而使滤液排出，在真空压差作用下，滤液穿过过滤介质，固体颗粒被过滤介质截留形成滤饼，再经脱水、洗涤、压实、干燥、卸饼等阶段而实现真空过滤。

1. 刮刀卸料式转鼓真空过滤机

转鼓过滤机属于连续式过滤机，图 11-26 所示为刮刀卸料式转鼓真空过滤机工作原理示意，过滤时，转鼓部分浸入悬浮液，电动机带动转鼓旋转，浸没在料浆里的小滤室与真空源相通，所以滤液便透过滤布向分配头汇集，而固体颗粒则被截留在滤布表面上形成滤饼层。滤饼转出液面后进入洗涤区，洗涤后进入脱水区，在真空作用下脱水后进入卸料区。处于卸料区的滤室，因分配头通路的切换而与压缩空气源相通，压缩空气经管道从转鼓内部反吹，使滤饼隆起而被刮刀刮掉卸出。

2. 圆盘式真空过滤机

圆盘式真空过滤机就是将数个过滤圆盘装在一根水平空心主轴上组成的真空过滤机。每个圆盘又分成若干个小扇形过滤叶片，每个扇形过滤叶片构成一个滤室。滤室与主轴上的滤液孔相连通以排出滤液。当扇形过滤叶片置于槽体中时，在分配头的切换下，滤室经滤液孔与真空泵相通，使固体颗粒吸附到叶

165

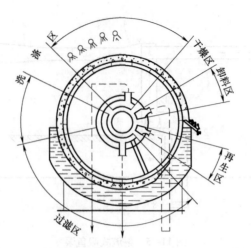

图 11-26 刮刀卸料式转鼓真空过滤机工作原理示意图

片两侧的滤布上。圆盘式真空过滤机的分配头如图 11-27 所示，分配头安装在主轴的端部固定不动，其上装有楔形块，可以调节成饼区的范围，分配头与主轴之间通过分配垫相连接，主轴转动时，分配垫上的孔依次与分配头上的不同区域接通，从而实现相邻过滤阶段间的切换。图 11-28 所示为水平圆盘过滤机工作原理示意。

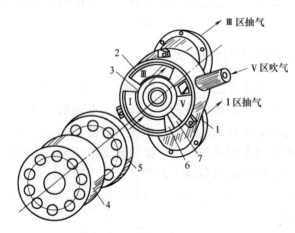

图 11-27 分配头结构示意图

1—分配头 2—外边缘 3—内边缘 4—主轴 5—分配垫 6、7—楔形块

3. 移动室型带式真空过滤机

移动室型带式真空过滤机的真空室可以随水平滤带一起移动，且过滤带与

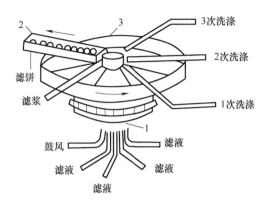

图 11-28 水平圆盘过滤机工作原理示意图

1—分配头 2—螺旋输送机 3—过滤盘

传送带为同一条带子，如图 11-29 所示，其真空室滚轮沿水平框架上的导轨做往复运动，真空（工作）行程与返回行程之间的切换由行程开关及返回气缸控制。过滤开始时真空室与过滤带同时向前运动，二者之间无相对运动。

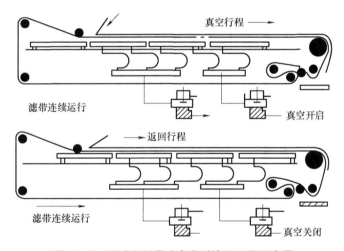

图 11-29 移动室型带式真空过滤机工作示意图

11.6 真空绝热设备

1. 真空低温容器

1）从储存介质看，低温真空容器可分为液氨容器、液氢容器、液氮容器、液氧容器、液化天然气容器等。图 11-30 所示为 15L 液氮（液氧）容器，因氧与氮的沸点接近，故液氧容器与液氮容器可通用，其由双层球胆构成，内外胆之间是真空夹层。一般储存液氧的低温真空容器中不装活性炭作为吸气剂，以免因液氧渗漏而发生爆炸。这种容器的真空度一般只能维持两三年，当真空度下降时，可将瓶胆取出后更换吸气剂，并再行装配和抽真空。

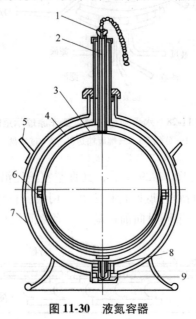

图 11-30　液氮容器

1—钢塞　2—颈管　3—内胆　4—外胆　5—提手　6—垫块　7—外壳　8—抽气口　9—保护套

2）从绝热方式看，低温真空容器可分为高真空绝热低温容器、真空多孔绝热低温容器、真空多层绝热低温容器等。真空绝热是将绝热结构做成密闭的夹层，内部空间抽至一定的真空度，以减少热量的传入。图 11-31 所示为几种真空绝热的形式。

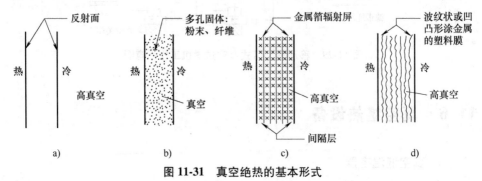

图 11-31　真空绝热的基本形式

a）高真空绝热　b）真空多孔绝热　c）、d）真空多层绝热

3）从用途看，低温真空容器可分为固定式低温真空容器和运输式低温真空容器。图 11-32 所示为一种运输式的液氧储槽，它可以装在拖车上，但绝热性差，汽化损失较大，在静态时每昼夜损失约 5%，运输中在 7% 以上。

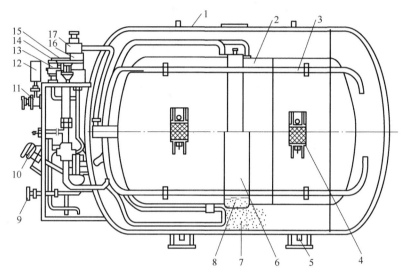

图 11-32　液氧储槽结构示意图

1—外壳　2—内胆　3—抽空管　4—支架　5—加强圈　6—吸附腔　7—绝热层
8—吸附剂　9—液面计阀　10—真空阀　11—进液阀　12—压力表
13—安全膜片　14—放空阀　15—压力表阀　16—安全阀　17—增压阀

2. 真空玻璃

真空玻璃是将两片平板玻璃四周密闭起来，将其间隙抽成真空并密封排气孔，两片玻璃之间的间隙为 0.1~0.2mm。两片真空玻璃中至少有一片是低辐射玻璃，这样就将通过真空玻璃的传导、对流和辐射方式散失的热降到最低。真空玻璃结构如图 11-33 所示，其中的支撑物是为了支撑真空层对抗外界大气压力。真空玻璃可起到隔热、隔声、抗风压、防结露结霜以及透光等功用。

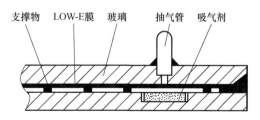

图 11-33　真空玻璃结构示意图

11.7 真空热处理设备

真空热处理是在负压下的稀薄气氛中进行的热处理，它为热处理过程提供了少氧甚至是无氧的负压工艺环境，通过抽真空后再回充惰性或中性气体以达到不同压力下的更清洁的保护气氛环境，是材料改性、先进制造技术、现代新型材料制造过程中不可或缺的重要技术。真空热处理设备又称真空热处理炉，主要包括采用电阻发热的真空电阻炉和感应发热的真空感应炉，而真空电阻炉更为常用。

1. 真空热处理的作用

（1）真空的保护作用　氧化、脱碳、增碳、吸气及腐蚀等过程，将使金属材料性能恶化。在真空热处理的工作真空度内，水蒸气、氧气、二氧化碳等气体含量十分稀少，已经不足以使被处理的金属材料发生氧化、脱碳或增碳等反应。同时，真空热处理过程中氧化作用被抑制，不会使光亮的金属材料表面因产生氧化物而失去金属光泽。

（2）真空的表面净化作用　在真空热处理前，金属材料表面通常会附着氧化物、氮化物、氢化物等物质，这些化合物在真空加热时被还原分解或挥发而消失，从而使金属获得光洁的表面。金属的氧化反应和分解反应是可逆的，反应向哪个方面进行，取决于炉中加热气氛中氧的分压和氧化物分解压之间的关系。氧的分压是指炉内气氛总压力中氧所占的压力。氧化物的分解压是指由于氧化物分解达到平衡后所产生的分压。在给定的温度下，如果氧的分压小于氧化物的分解压，则氧化物分解。在高真空条件下，炉内残余气体很少，氧的分压很低，低于氧化物的分解压，氧化物亦分解。氧化物分解产生的氧气被真空泵抽出。氧化物被去除，故可保持金属材料的光亮度。当然，氧化物除分解外，还可能因升华或挥发而使金属表面得到净化。

（3）真空的除气作用　在真空炉中进行热处理时，金属工件中的气体被除去，从而提高了工件的性能。真空度越高，除气效果越好。温度越高，气体在金属内的扩散速度、在金属表面的释放速度越快，除气效果也越好。对于有相变的金属材料，在相变温度附近进行真空除气效果最好。当然，除气时间越长，除气效果也越好。

（4）真空脱脂作用　在真空热处理时，零件只需要进行简单的清洗、烘干就可以进行热处理，而不需要进行特殊的脱脂处理，因为冷却剂和润滑剂中的油脂在真空加热时会自行挥发或分解为气体而被真空泵抽除。这可避免零件因油脂吸附在表面而失去金属光泽。

2. 真空热处理炉

真空热处理炉由炉体真空系统、水冷系统、风冷系统以及电源、电控盒等组成，其结构如图 11-34 所示。

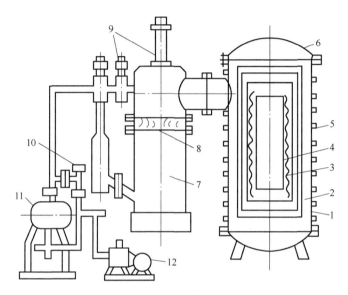

图 11-34 真空热处理炉结构示意图

1—炉身　2—隔热屏　3—加热体　4—工件　5—冷却水管　6—炉盖　7—油扩散泵
8—挡油板　9—真空阀　10—旁路　11—罗茨真空泵　12—机械真空泵

参 考 文 献

［1］ 王晓冬，巴德纯，张世伟，等. 真空技术［M］. 北京：冶金工业出版社，2016.

［2］ 达道安. 真空设计手册［M］. 3版. 北京：国防工业出版社，2004.

［3］ 杨乃恒. 真空获得设备［M］. 2版. 北京：冶金工业出版社，2014.

［4］ 谈冶信，徐玉江. 真空装置［M］. 北京：化学工业出版社，2016.

［5］ 徐成海，陆国柱，谈冶信，等. 真空设备选型与采购指南［M］. 北京：化学工业出版社，2013.

［6］ 崔遂先，谈冶信，刘玉魁. 真空技术常用数据表［M］. 北京：化学工业出版社，2012.

［7］ 李军建，王小菊. 真空技术［M］. 北京：国防工业出版社，2014.

［8］ 韩晶雪. 旋片-罗茨复合泵的开发设计及性能研究［D］. 沈阳：东北大学，2014.

［9］ 刘权利. 多级罗茨泵转子的型线设计、加工及表面涂层研究［D］. 沈阳：东北大学，2008.

［10］ 朱丰桂，曾茜茜. 一种单螺杆真空泵：CN106593875A［P］. 2019-09-06.

［11］ 贾怀军，贾鹏飞. 一种新型三螺杆真空泵：CN208416928U［P］. 2019-01-22.

［12］ 巫修海. 内压缩干式螺杆真空泵关键技术研究［D］. 杭州：浙江理工大学，2016.

［13］ 刘春姐. 螺杆型干式真空泵转子特性的研究［D］. 沈阳：东北大学，2006.

［14］ 俞云芳. 耐用型单级旋片真空泵：CN204827925U［P］. 2015-12-02.

［15］ 裘建伦，曹炳才，张正祝. 新型单级多旋片真空泵：CN201301808Y［P］. 2009-09-02.

［16］ 陈福冬. 一种双级式旋片真空泵：CN203130507U［P］. 2013-08-14.

［17］ 张达，李柯迪，吴青云. 一种单双级切换旋片真空泵：CN108869294A［P］. 2018-11-23.

［18］ 铃木直人，村山吉信，降矢新治. 低温泵、真空处理装置：CN107304760B［P］. 2020-06-16.